萨巴厨房®

蒸炖煮一本全

萨巴蒂娜◎主编

中国轻工业出版社

卷首语

水的烹饪魔法

厨房就是水与火的游戏。

吃过顺德的桑拿鱼，切好的鱼片只需上锅蒸25秒，鱼肉弹牙惹味，鲜美无比。而下面的锅则煮鱼头和鱼骨，并承接流淌的鱼汁，一锅两菜，只用水就足够了。你便知道，鱼这么嫩的食材，蒸是最合适的烹饪方式。

现在我越来越喜欢只用水来烹饪了：蒸水蛋，蒸肉饼，蒸红薯，蒸鱼，煮粥，煮茶叶蛋，煮花生，煮丸子汤，炖豆角排骨，炖酸萝卜老鸭，炖鸡汤冬瓜，炖木瓜银耳……做完厨房依然是干净的，没有油烟污染周遭，也没有油珠飞溅污染灶台，甚至吃完饭的碗碟都很容易清洁。身为每天都爱做饭的我，不得不大力推荐蒸炖煮的烹饪方式。

有时候用电饭煲蒸一锅土豆米饭，丢一根腊肠进去，临出锅的时候在米饭上盖2棵青菜，就是一顿饭，十分快捷方便。若嫌清淡，就滴几滴上好的酱油，或者挖一勺老干妈，齐活。若奢侈点，还可以另外用汤锅煲个绿豆粥，简直美滋滋。

带筋的牛肉煲上浓浓的一锅，放凉了切片，用热馒头夹着吃，我可以吃一个星期也不腻。剩下的汤汁还可以切点胡萝卜进去煮软，又是一个菜。

吃多了烟熏火燎，不妨只用蒸炖煮来做一餐。火可以爆出食材的香，而水能激出食材的本味。我爱火的热烈，我也喜欢水的柔情。

此书，大可值得一试。

高欣茹

萨巴小传：本名高欣茹。萨巴蒂娜是当时出道写美食书时用的笔名。曾主编过五十多本畅销美食图书，出版过小说《厨子的故事》，美食散文集《美味关系》。现任"萨巴厨房"主编。

敬请关注萨巴新浪微博 www.weibo.com/sabadina

目录 CONTENTS

计量单位对照表

1茶匙固体材料=5克

1汤匙固体材料=15克

1茶匙液体材料=5毫升

1汤匙液体材料=15毫升

Chapter 2
煮

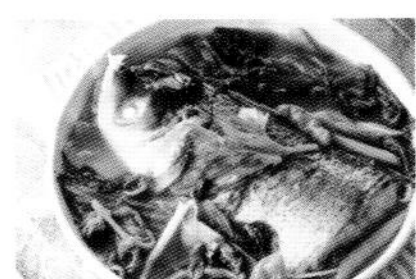

Chapter 3
炖

Chapter 4
锅物

初步了解全书

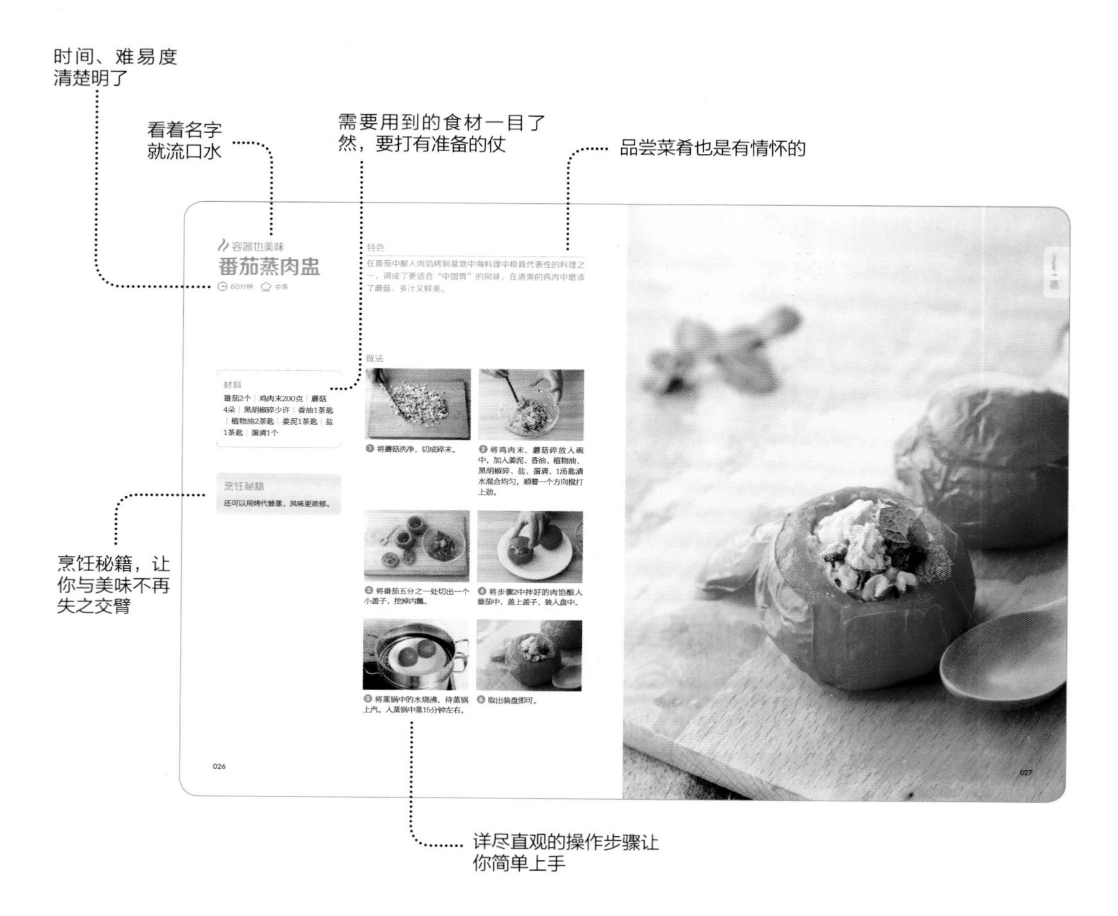

时间、难易度
清楚明了
看着名字
就流口水
需要用到的食材一目了
然，要打有准备的仗
品尝菜肴也是有情怀的
容器也美味
番茄蒸肉盅
特色
材料
做法
烹饪秘籍
烹饪秘籍，让
你与美味不再
失之交臂
详尽直观的操作步骤让
你简单上手

为了确保菜谱的可操作性，

本书的每一道菜都经过我们试做、试吃，并且是现场烹饪后直接拍摄的。

本书每道食谱都有步骤图、烹饪秘籍、烹饪难度和烹饪时间的指引，确保您照着图书一步步操作便可以做出好吃的菜肴。但是具体用量和火候的把握也需要您经验的累积。

蒸炖煮的准备工作

蒸炖煮的工具、配件

蒸锅

家家必备的蒸锅，有竹制、不锈钢等多种材质，建议选择密封效果好、蒸汽流失少的蒸锅。

电蒸锅

具有透明蒸格且能自动断电的电蒸锅，便于观察内部情况，避免多次揭盖使蒸汽流失。

雪平锅

日料中出现频率超高的小锅，不易潽锅，适用于短时间煮制的食物。

汤煲

适用于长时间的炖煮，建议选择砂陶质地，保温效果好，受热均匀。

砂锅

适合于做火锅，建议选择相对较浅但直径稍大的锅子。

常见食材的处理方式和制作时间参考

对于一些常见的食材，恰到好处的火候才能让你收获最好的味道和口感。这里我们给出一些食材不同的切备方式及对应的烹制时间参考，您也可以根据自家锅具、火力的不同，进行调整和总结。

肉类

整只（约 750 克）
40~50 分钟
剁块 10~15 分钟

整块
15~20 分钟

整只
18~22 分钟

寸段
25 分钟

海鲜类

500 克 8 分钟

750 克 10 分钟

1000 克 12 分钟

500 克　8 分钟

750 克　10 分钟

500 克　8 分钟

鱼头

一剖为二，剁椒风味
15~18 分钟

虾

整只
四五分钟

虾

开背或去壳
3 分钟

扇贝

去半壳
3 分钟

扇贝

蒜蓉粉丝
5 分钟

蛤蜊

整个　四五分钟
（开口即可）

大闸蟹

200~300 克
12~15 分钟

鱼片

3 分钟

蔬菜类

丝瓜

厚片

3 分钟

丝瓜

切段

5 分钟

芥蓝

削去老皮

5 分钟

南瓜

切块

15 分钟

贝贝南瓜

整个

30 分钟

冬瓜

大块

10 分钟

嫩豆腐

厚片

5 分钟

老豆腐

厚片

8 分钟

金针菇

7 分钟

娃娃菜

切厚片

8 分钟

生菜

3 分钟

压力锅炖煮食材烹饪时间表

说明：下面所记录的时间为从限压阀稳定排气后开始计时。

500 克　切段

12 分钟

1000 克　大块

20 分钟

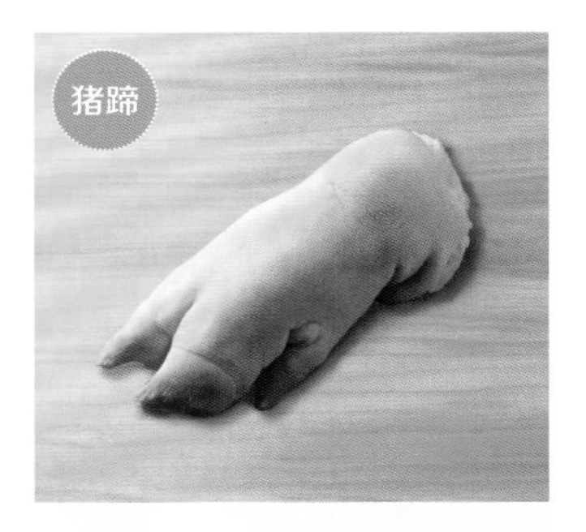

整只（约 1000 克）

25 分钟

整只（约 1000 克）

18~20 分钟（根据鸡的老、嫩程度决定）

500 克

六七分钟

整个（约 500 克）

15~18 分钟

整个（约 500 克）

15~18 分钟

料理用高汤的做法

为了让食物更好地入味，同时又保证健康和味道自然，可以在家中试着自己做些调味用的高汤。

鸡高汤

材料 土鸡1只 / 姜片3片 / 白胡椒粒5粒

料理中无所不能的基础高汤，在蒸炖煮中都非常实用，适合清淡、原汁原味的料理。

❶ 将土鸡洗净，剁成大块，放入冷水中浸泡、冲洗多次，清洗掉血水直至水澄清。

❷ 在汤煲中将水烧沸，放入鸡块、姜片、拍破的白胡椒粒，大火煮开。

❸ 喜欢清鸡汤可转小火煲2小时左右；喜欢浓鸡汤可中大火滚1小时至汤汁乳白。

❹ 过滤出汤汁留用。

日式高汤

❶ 将海带清洗后剪小段，和1升清水放入锅中，浸泡10分钟，小火煮开，取出海带。

❷ 加入柴鱼片煮约30秒，关火，待柴鱼片自然沉入锅底。

❸ 过滤汤汁留用。

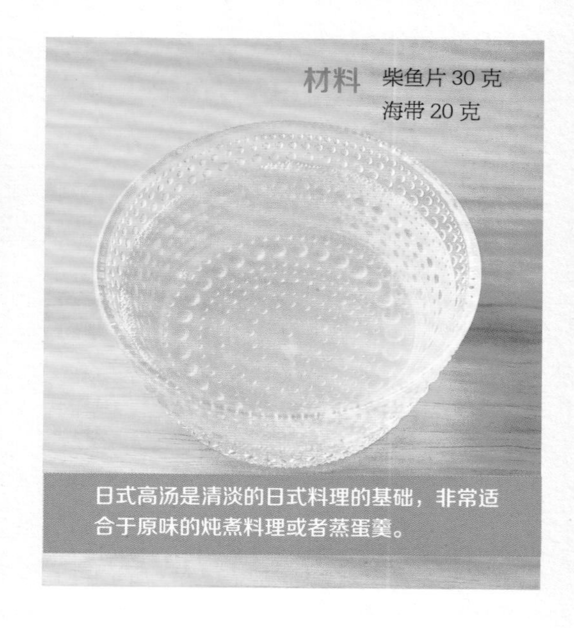

材料 柴鱼片30克
海带20克

日式高汤是清淡的日式料理的基础，非常适合于原味的炖煮料理或者蒸蛋羹。

猪骨高汤

材料 猪骨 400 克 / 姜片 3 片 / 葱结 1 个 / 白胡椒粒 5 粒

❶ 将猪骨洗净，放入冷水中浸泡、冲洗多次，清洗掉血水直至水澄清。

❷ 将猪骨放入锅中，加入没过猪骨的清水，大火煮开后继续煮 3 分钟，取出猪骨，彻底洗净杂质和浮沫。

❸ 在汤煲中将水烧沸，放入猪骨、葱结、姜片、拍破的白胡椒粒，大火煮开。

❹ 喜欢清汤可转小火煲 2 小时左右；喜欢浓汤可中大火滚 2 小时至汤汁乳白。

❺ 过滤出汤汁留用。

鸡骨高汤

材料 鸡骨架 1 副 / 海带 10 克

鸡骨架本身相较于整鸡味道偏淡，烤过的鸡骨架带有迷人的烟火香气，小火煮出的汤汁焦香而又鲜甜。

❶ 将鸡骨架彻底洗干净，去掉淤血和杂质。

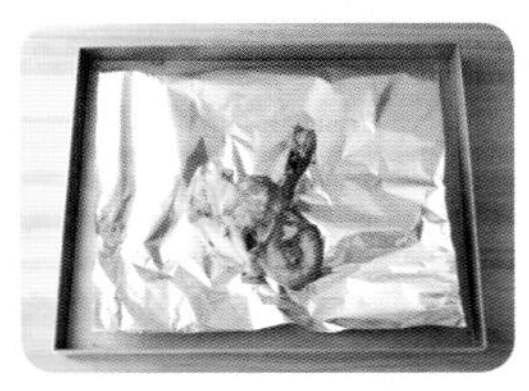

❷ 烤箱预热 200℃，放入鸡骨架烤至表面呈现明显的焦黄色。

❸ 将鸡架、海带和适量清水一同放入锅中，小火慢慢煮开，沸腾之后取出海带，接着煮 30 分钟。

❹ 过滤出汤汁留用。

市售成品高汤

如果没有时间自制高汤，也可以选择市售成品高汤，使用方便，只是味道上没有自己做的那般自然清淡。

浓缩高汤调料

市面上有很多种浓缩高汤调料，有的是胶冻状，有的是粉状，味道多数都很浓郁醇厚，一般都需要用大量清水稀释，其优点是易于携带和保存。

即食高汤

除了浓缩高汤调料外，还有一类高汤是打开包装后可以直接使用的，但一般保质期比较短，需要尽快使用。其优点是味道比浓缩高汤调料更为自然。

蒸鱼的基本处理方式

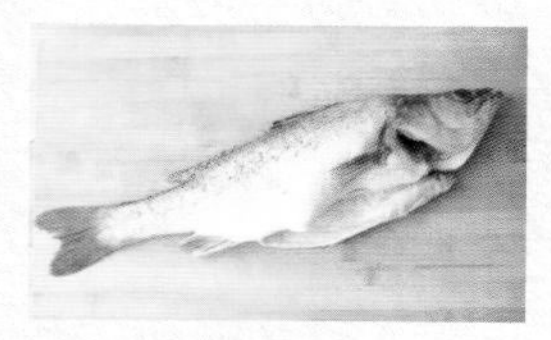

1 将鱼刮去鱼鳞，去鳃，彻底洗掉鱼身上的黏液与淤血，刮掉肚内的黑膜（减少腥味）。

2 在鱼身上用刀划几刀，帮助入味。

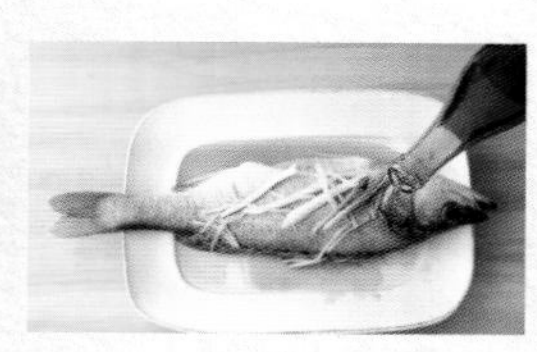

3 用盐、白胡椒粉、料酒将鱼全身（包括肚内）擦一遍，撒上姜丝、葱段，腌10~15分钟使之入味。

4 去除掉姜、葱（也可保留），仔细倒出渗出的血水，用厨房纸巾擦干鱼身与盘中的血水。

5 放入蒸箱或者蒸锅中，蒸制相应的时间，取出。

6 撒上细姜丝与细葱丝，淋上蒸鱼豉油（蒸鱼盘中的汤汁可保留用以稀释蒸鱼豉油的咸味，仔细处理过血水的鱼蒸后腥味较小；如腥味重，建议去除汤汁）。

7 淋上热油即可。

Chapter 1
蒸

味咸甘心一方肉

腐乳蒸方肉

60分钟　中等

特色

传统的腐乳竟然变身成为“神奇调味料”，面对色泽红润、咸鲜软烂的五花肉，还有什么拒绝的理由呢?

材料

猪五花肉300克 | 腐乳30克 | 老抽1茶匙 | 生抽1茶匙 | 白砂糖1茶匙 | 料酒1汤匙 | 葱花1茶匙 | 姜片3片 | 葱结1个

烹饪秘籍

1 余过水的五花肉放入冰箱冷藏10分钟后再切片，方便成形，不易散。

2 这种做法也适合于猪肘。

做法

❶ 将猪五花肉处理干净，去掉杂毛。

❷ 将五花肉、姜片、葱结、1/2汤匙料酒放入锅中，加入没过五花肉的水，大火煮开。

❸ 将五花肉捞出，洗干净，切成厚约2毫米的片。

❹ 在小碗中放入腐乳（捣碎）、生抽、老抽、白砂糖、1/2汤匙料酒混合均匀。

❺ 将五花肉放入碗中，把步骤4中调好的酱汁抹在五花肉上，静置腌渍1小时左右使之入味（腌一夜更入味）。

❻ 将蒸锅中的水烧沸，待蒸锅上汽，将碗盖上锡箔纸，入蒸锅小火蒸40分钟左右，到筷子能轻而易举插入肉中。

❼ 将五花肉装盘，淋上底部的酱汁，撒上葱花即可。

清清豆苗香

黄豆芽蒸肉饼

20分钟　简单

特色

蒸好的肉饼汁水丰盈，黄豆芽平添一份清香，这是一道没有油烟的快手蒸菜。

材料

猪肉末300克｜黄豆芽100克｜葱花1汤匙｜姜泥1茶匙｜白胡椒粉少许｜盐1茶匙｜香油2茶匙｜水淀粉1汤匙｜蒸鱼豉油少许

烹饪秘籍

可以用绿豆芽或者黑豆芽替换黄豆芽。

做法

❶ 将猪肉末放入大碗中，加入1汤匙清水、1茶匙盐、白胡椒粉、香油、水淀粉、葱花、姜泥，顺着一个方向搅拌，直到上劲。

❷ 将黄豆芽择理干净，放入盘中。

❸ 将步骤1中调好的肉馅拍打成肉饼状，放在黄豆芽上。

❹ 将蒸锅中的水烧沸，待蒸锅上汽，放入装着肉饼的盘子，大火蒸15分钟。

❺ 取出盘子，淋上蒸鱼豉油，撒上少许葱花即可。

特色

苦瓜微苦、肉馅鲜美，二者的味道互相融合却不彼此干扰，这是一道夏日时令的清火家常菜。

君子之交

苦瓜酿肉

20分钟　中等

材料

苦瓜300克｜猪肉末300克｜葱花1汤匙｜姜末1茶匙｜鸡蛋（小）1个｜盐1茶匙｜料酒1茶匙｜香油1茶匙｜白胡椒粉少许｜蚝油3茶匙｜水淀粉适量

烹饪秘籍

可以在肉馅中加入香菇末、虾仁、干贝，风味更丰富。

做法

❶ 将苦瓜切成3厘米左右的段，掏空内瓤。

❷ 猪肉末放入大碗中，加入料酒、盐、蚝油1茶匙、鸡蛋、香油、白胡椒粉、葱花、姜末、2汤匙清水混合均匀，顺着一个方向搅打上劲。

❸ 将步骤2中调好的肉馅酿入苦瓜中，放在盘中。

❹ 将蒸锅中的水烧沸，待蒸锅上汽，将酿好的苦瓜放入蒸锅中大火蒸10分钟左右。

❺ 将苦瓜装盘。

❻ 将蒸苦瓜盘底剩余的汤汁放入小锅中，加入2茶匙蚝油、适量水淀粉调成芡汁，淋在苦瓜上即可。

传统乡宴蒸菜

扣蒸酥肉

60分钟　中等

特色

这是一道亦汤亦菜的乡村风味蒸菜，酥炸的五花肉之下是朴素的山野之味。

材料

猪五花肉150克｜红薯淀粉50克｜鸡蛋1个｜盐1/2茶匙｜花椒粉1克｜黄花菜10克｜腌制海带条30克｜高汤适量｜白胡椒粉少许｜植物油适量

烹饪秘籍

如果没有腌制的海带条，可以换成现成的海带丝。

做法

❶ 将猪五花肉洗净，切成厚片（不去皮）。

❷ 红薯淀粉加入清水、鸡蛋，调成水淀粉。

❸ 将五花肉放入碗中，加入盐、花椒粉拌匀，加入水淀粉搅拌均匀，浸泡30分钟以上。

❹ 油锅烧至六成热，一片片放入肉，炸至金黄色捞出。

❺ 黄花菜用温水泡发，清洗干净，控干水分。腌制海带条放入碗中备用。

❻ 取一只深碗，在底部放入炸好的酥肉，再放上黄花菜和海带条，淋入高汤及腌肉的汤汁，撒上白胡椒粉。

❼ 将蒸锅中的水烧沸，待蒸锅上汽，入蒸锅蒸20分钟，取出。

❽ 取一只深盘，扣在深碗上，快速倒扣过来（小心汤汁烫手），即可食用。

网红食材的新吃法

咸蛋黄蒸肉卷

50分钟　中等

特色

咸蛋黄可以说是食材界经久不衰的网红，即使被包裹着，美妙的味道在口中弥漫开来，自是藏不住光芒的主角。

材料

鸡蛋2个｜咸蛋（熟）3个｜猪肉末300克｜姜末1茶匙｜葱花1汤匙｜盐1茶匙｜水淀粉50毫升｜香油10毫升｜蚝油10毫升｜白胡椒粉少许｜植物油少许

烹饪秘籍

若觉得味淡，可以蘸蒜蓉辣椒酱食用。

做法

❶ 将咸蛋取出蛋黄，捏碎。

❷ 鸡蛋打散；锅中刷少许植物油，小火将鸡蛋摊成蛋皮。

❸ 在大碗中放入猪肉末、盐、蚝油、水淀粉、白胡椒粉、香油，顺着同一方向搅打上劲。

❹ 加入姜末和葱花拌匀，冷藏20分钟。

❺ 将蛋皮放在菜板上，铺上步骤4中调好的肉馅，撒上捏碎的咸蛋黄块，卷起。

❻ 将蒸锅中的水烧沸，待蒸锅上汽，将咸蛋黄肉卷放入蒸锅中蒸15分钟。

❼ 取出切块即可。

容器也美味

番茄蒸肉盅

60分钟　中等

特色

在番茄中酿入肉馅烤制是地中海料理中极具代表性的料理之一，调成了更适合“中国胃”的风味，在清爽的鸡肉中增添了蘑菇，多汁又鲜美。

材料

番茄2个｜鸡肉末200克｜蘑菇4朵｜黑胡椒碎少许｜香油1茶匙｜植物油2茶匙｜姜泥1茶匙｜盐1茶匙｜蛋清1个

烹饪秘籍

还可以用烤代替蒸，风味更浓郁。

做法

❶ 将蘑菇洗净，切成碎末。

❷ 将鸡肉末、蘑菇碎放入碗中，加入姜泥、香油、植物油、黑胡椒碎、盐、蛋清、1汤匙清水混合均匀，顺着一个方向搅打上劲。

❸ 将番茄五分之一处切出一个小盖子，挖掉内瓤。

❹ 将步骤2中拌好的肉馅酿入番茄中，盖上盖子，装入盘中。

❺ 将蒸锅中的水烧沸，待蒸锅上汽，入蒸锅中蒸15分钟左右。

❻ 取出装盘即可。

平淡不平庸

榨菜肉末蒸豆腐

15分钟 中等

特色

看似平淡无奇的外表下，却是榨菜的咸鲜、猪肉的浓香、豆腐的清新交织而成的惊艳感。

材料

嫩豆腐1块（约300克）| 猪肉末30克 | 榨菜20克 | 葱花1茶匙 | 植物油1茶匙 | 香油1/2茶匙 | 生抽1/2茶匙

烹饪秘籍

如果不使用榨菜，使用梅菜、冬菜也同样美味。

做法

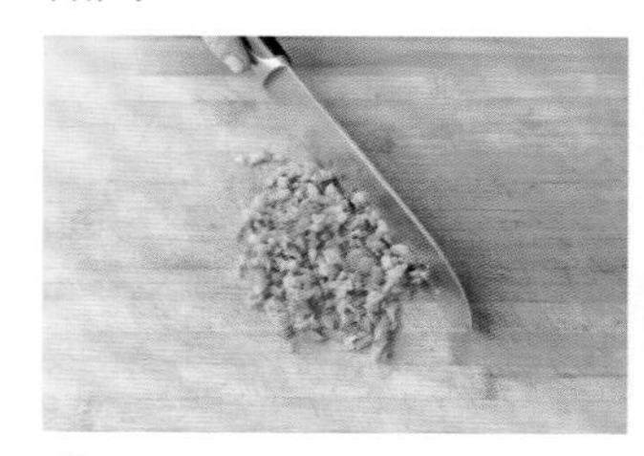

❶ 榨菜切碎备用。

❷ 平底锅烧热，加入少许植物油，放入猪肉末炒散。

❸ 加入榨菜翻炒，淋入生抽、香油调味。

❹ 将嫩豆腐切成厚片，码入盘中。

❺ 将蒸锅中的水烧沸，待蒸锅上汽，将豆腐放入蒸锅中蒸10分钟，取出。

❻ 铺上炒好的榨菜肉末，撒上葱花即可。

每一口都丰盈

粉蒸排骨

90分钟　中等

特色

粉蒸在蒸菜中绝对是自成风格的大流派，朴实无华的外表，却味道丰富、口感油润，小小的中排啃起来最爽。

材料

排骨中段400克｜蒸肉米粉150克｜姜泥1茶匙｜生抽1/2汤匙｜腐乳2小块｜料酒1茶匙｜盐1/2茶匙｜植物油1汤匙｜五香粉1/2茶匙｜香菜碎适量

烹饪秘籍

1 可以用辣椒酱代替腐乳，做成麻辣味的粉蒸排骨。

2 可以在盘底垫上土豆、红薯、豆角等蔬菜。

做法

❶ 将排骨放入清水中反复冲洗，至完全没有血水，取出控干。

❷ 将排骨放入大碗中，加入姜泥、生抽、腐乳、料酒、盐、五香粉、植物油搅拌均匀，放置1小时以上使之入味。

❸ 将蒸肉米粉拌入排骨中，混拌均匀，装盘。

❹ 将蒸锅中的水烧沸，待蒸锅上汽，放入蒸锅中中火蒸1小时左右，取出。

❺ 装盘，撒上香菜碎即可。

特色

多种荤素食材一同蒸制，众多滋味合为一体，原汁原味，浑然天成。

材料

鱼丸6个 | 午餐肉100克 | 基围虾100克 | 白菜100克 | 姜丝少许 | 高汤100毫升 | 白胡椒粉少许 | 盐1/2茶匙

烹饪秘籍

可以增加香菇片、青菜、冬笋片等蔬菜，荤素搭配，营养更均衡。

原汁原味

蒸三鲜

15分钟　中等

做法

❶ 将白菜洗净，切成块，放入深碗中。

❷ 基围虾剪去虾须，挑去虾线。

❸ 午餐肉切成厚片。

❹ 将鱼丸、基围虾、午餐肉摆在白菜上。

❺ 将高汤、姜丝、白胡椒粉、盐混合均匀，淋在深碗中。

❻ 将蒸锅中的水烧沸，待蒸锅上汽，入蒸锅大火蒸8分钟，取出即可。

莲叶何田田

荷叶腊味蒸饭

60分钟　中等

特色

清香的荷叶之下，米粒浸润着腊味的香气与油脂，珍藏着香菇的鲜美，每一口都是惊喜。

材料

大米100克｜腊肠50克｜腊肉50克｜香菇4朵｜干荷叶2张｜姜丝少许｜蒸鱼豉油1汤匙

烹饪秘籍

可以在食用前撒上少许葱花，味道更好。

做法

❶ 将大米洗净，提前用清水浸泡1小时，控干水分。

❷ 将腊肉和腊肠切成片。

❸ 将香菇洗净，切成厚片。

❹ 将干荷叶用开水烫软备用。

❺ 将荷叶铺在碗中，一次码上大米、香菇、腊肠、腊肉、姜丝，加入没过食材的清水。

❻ 用牙签将荷叶封口。

❼ 将蒸锅中的水烧沸，待蒸锅上汽，将荷叶饭放入蒸锅中蒸30分钟左右。

❽ 取出装盘，食用前去掉牙签，淋上蒸鱼豉油即可。

杂粮入菜来

小米蒸牛肉

60分钟 中等

特色

利用小米粒小又黏糯的特质，代替繁琐的制作米粉的过程，杂粮入菜简单又美味。

材料

小米200克｜牛肉（牛里脊）300克｜蒜蓉辣椒酱1茶匙｜植物油1汤匙｜淀粉3克｜白砂糖1茶匙｜生抽1茶匙｜五香粉1/2茶匙｜料酒1汤匙｜白胡椒粉少许｜香菜适量｜盐少许

烹饪秘籍

可以用羊肉、排骨、猪五花肉代替牛肉。

做法

❶ 将小米浸泡2小时，洗净，控干水分。

❷ 将牛肉洗净，切片。

❸ 将牛肉片放入大碗中，加入料酒、盐、白胡椒粉、五香粉、生抽、淀粉、白砂糖、少量清水搅打均匀，至充分吸收水分。

❹ 加入蒜蓉辣椒酱和植物油，充分搅拌，静置10分钟使之入味。

❺ 拌入控干水分的小米。

❻ 将蒸锅中的水烧沸，待蒸锅上汽，将小米牛肉放入蒸锅中大火蒸30分钟左右。

❼ 取出装盘，撒上香菜即可。

茶餐厅的经典早茶

豉汁凤爪

70分钟　中等

特色

这是我每次去茶餐厅必点的蒸点，软糯酥软，一吮即离骨，酱汁丰盈，齿颊留香。学会这个方法，在家里也能轻松制作。

材料

凤爪10只 | 豆豉30克 | 植物油适量 | 姜片2片 | 葱结1个 | 香叶1片 | 八角1个 | 蒜末1茶匙 | 洋葱末2茶匙 | 蚝油1茶匙 | 酱油1茶匙 | 白砂糖1/2茶匙 | 料酒1茶匙

烹饪秘籍

1 如果喜辣，可以放入适量辣椒酱提升风味。

2 凤爪一定要炸透，不然蒸出来会又干又硬。

做法

❶ 将凤爪剪去趾甲，从中间剁成两半，清洗干净。

❷ 烧开一锅水，放入凤爪煮熟。

❸ 将凤爪捞出，控干水分（表面不可有水分）。

❹ 烧热一锅油，烧至八成热。放入凤爪炸至浅褐色。

❺ 将凤爪放入深碗中，加入姜片、葱结、香叶、八角。

❻ 将蒸锅中的水烧沸，待蒸锅上汽，大火蒸40分钟左右，至凤爪能轻易脱骨。

❼ 在小锅中加入植物油，放入蒜末煸至金黄色。

❽ 放入洋葱末、豆豉煸香，加入蚝油 、料酒、白砂糖、酱油混合均匀，关火。

❾ 将炒好的酱拌在凤爪上。

❿ 再蒸5分钟即可。

越简单越嫩滑

葱姜蒸嫩鸡

30分钟　中等

特色

鲜嫩的鸡肉经过腌制入味，用健康的烹饪方式蒸熟，再淋入美味的酱汁，入口美味无穷。

材料

嫩鸡1/2只（约400克）｜姜片3片｜葱结1个｜盐1茶匙｜料酒1汤匙｜白胡椒粉少许｜葱丝适量｜姜丝适量｜生抽1茶匙｜植物油适量

烹饪秘籍

可以放入适量新鲜的沙姜，即成沙姜蒸嫩鸡。

做法

❶ 将嫩鸡洗净，擦干水分。

❷ 用盐、料酒、白胡椒粉揉搓鸡身，放上姜片、葱结，冷藏1小时。

❸ 擦干鸡渗出的水分，放入深盘中（保留姜片和葱结）。

❹ 将蒸锅中的水烧沸，待蒸锅上汽，大火蒸20分钟左右，取出。

❺ 略微放凉后，将鸡斩成块，装盘。

❻ 将葱丝和姜丝放入小碗中。

❼ 在小锅中将植物油烧热，淋入葱丝和姜丝中，加入少许盐和生抽调成葱姜油。

❽ 将葱姜油淋在鸡块上即可。

淡淡米酒香

酒酿蒸鸡翅

40分钟　中等

特色

用酒酿蒸出的鸡翅不仅柔嫩多汁，还多了一份迷人的米酒香气。搭配咸鲜的剁椒，便成了令你停不下来的吮指鸡翅。

材料

鸡翅8个｜酒酿2汤匙｜剁椒1/2汤匙｜蒜末1/2茶匙｜姜末1/2茶匙｜盐1茶匙｜白胡椒粉少许

烹饪秘籍

可以用整鸡、鸡腿、鸡胸肉代替鸡翅。

做法

❶ 将鸡翅洗净，擦干水分，在表面划上几刀以便入味。

❷ 将酒酿、剁椒、蒜末、姜末、盐、胡椒粉放入小碗中混合均匀。

❸ 将鸡翅铺在盘底，淋上调好的酱汁，静置腌渍10分钟使之入味。

❹ 将蒸锅中的水烧沸，待蒸锅上汽，放入蒸锅中大火蒸20分钟左右。

❺ 取出，趁热食用。

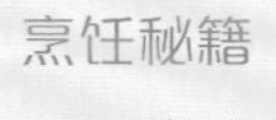

特色

鳕鱼肉质细嫩，只需要简单的豆豉与姜丝，便能将口感与风味尽显。

淡雅的原味蒸鱼

姜丝豆豉蒸鳕鱼

30分钟 中等

材料

鳕鱼2块（约200克）| 姜丝适量 | 豆豉1/2汤匙 | 盐1/2茶匙 | 黑胡椒碎少许 | 蒜末1茶匙 | 红辣椒圈2克 | 蒸鱼豉油2茶匙

烹饪秘籍

请提前将鳕鱼充分化冻，擦干水分。

做法

❶ 鳕鱼用盐和黑胡椒碎腌15分钟，擦干水分。

❷ 将豆豉、红辣椒圈、蒜末、蒸鱼豉油混合成豆豉酱。

❸ 将鳕鱼放入深盘中，铺上姜丝，淋上豆豉酱。

❹ 将蒸锅中的水烧沸，待蒸锅上汽，上蒸锅大火蒸7分钟左右。

❺ 取出装盘即可。

极简的地中海料理

罗勒青酱蒸鲑鱼

20分钟　中等

特色

清蒸好的鲑鱼油脂丰润，淋上香气浓郁的罗勒青酱，便是一道极简的健康料理。

材料

鲑鱼2块（约250克）｜罗勒200克｜平叶欧芹50克｜松子仁10克｜蒜蓉1克｜奶酪粉5克｜海盐 少许｜黑胡椒碎 少许

烹饪秘籍

可以搭配蔬菜同蒸，豆角、秋葵、芦笋等均可。

做法

❶ 将罗勒和欧芹分别择叶，洗净，沥干。

❷ 松子仁入烤箱，160℃烤3分钟。

❸ 将罗勒叶、欧芹、松子仁、蒜蓉、奶酪粉一起放入料理机中搅打顺滑，制成青酱。

❹ 将鲑鱼用少许海盐和黑胡椒碎腌10分钟，擦干表面水分。

❺ 将蒸锅中的水烧沸，待蒸锅上汽，将鲑鱼装入盘中，入锅大火蒸6分钟，装盘。

❻ 淋上制作好的青酱即可。

黑白配

香菇蒸鱼滑

15分钟　中等

特色

自己打的鱼滑细腻而富有“空气感”，酿在黑色的底座上，就成了一道美好的宴客蒸菜。

材料

龙利鱼肉200克 | 猪肥膘50克 | 鸡蛋清1个 | 盐1/2茶匙 | 白胡椒粉少许 | 淀粉少许 | 葱花1汤匙 | 鲜香菇8朵 | 生抽适量

烹饪秘籍

可以用虾仁代替鱼肉，制成虾滑。

做法

1. 将龙利鱼和猪肥膘切成块。

2. 将龙利鱼、猪肥膘放入搅拌机中搅成蓉。

3. 将鱼蓉放入大碗中，加入盐、白胡椒粉顺着同一方向搅打上劲。

4. 加入鸡蛋清和淀粉搅打至顺滑，加入葱花拌匀制成鱼滑。

5. 鲜香菇洗净，剪去根蒂。

6. 将做好的鱼滑酿入香菇中。

7. 将蒸锅中的水烧沸，待蒸锅上汽，大火蒸8分钟，取出装盘。

8. 蘸生抽碟食用。

柠香入菜来

柠檬蒸鲈鱼

30分钟　中等

特色

东南亚地区的人民，在料理鱼类时总不忘放上几片柠檬，清新的柠檬不仅能去除鱼腥味，还能嫩肉增香。

材料

海鲈鱼 1条（约400克）｜柠檬1个｜香茅1根｜姜片3片｜香菜1根｜盐1/2茶匙｜黑胡椒碎少许

烹饪秘籍

务必选用没有苦味的柠檬，否则鱼肉易发苦。

做法

❶ 将海鲈鱼处理干净，擦干水分。

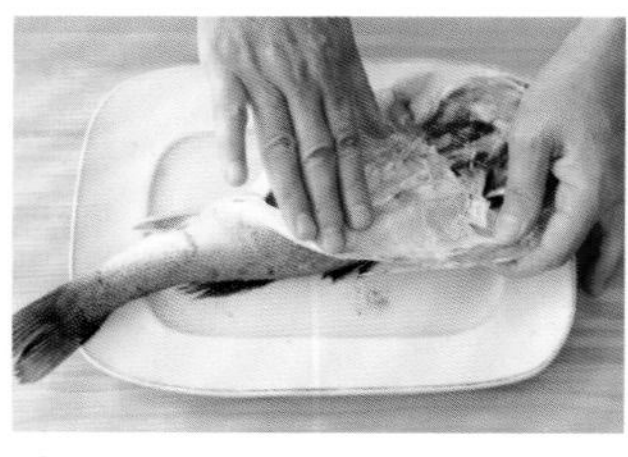

❷ 用盐、黑胡椒碎抹在鲈鱼身上（包括鱼肚内），静置腌渍15分钟，擦干水分。

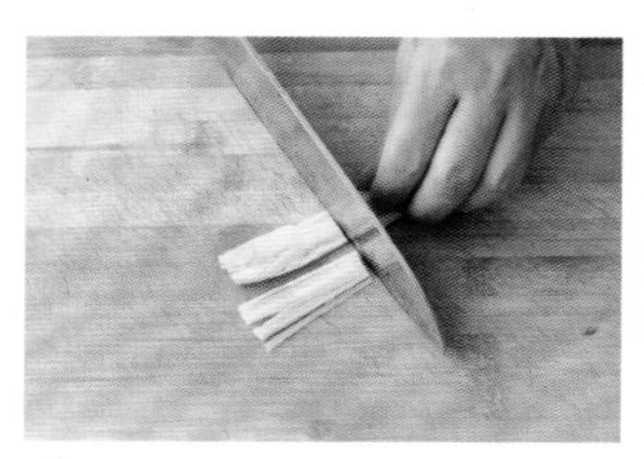

❸ 将香茅拍碎，切成段。

❹ 将柠檬切片。

❺ 将鲈鱼摆在鱼盘中，将姜片、香茅段塞在鱼肚中。

❻ 在鱼身上摆上柠檬片。

❼ 将蒸锅中的水烧沸，待蒸锅上汽，放入蒸锅中大火蒸8分钟。

❽ 取出，摆上香菜，搭配柠檬食用。

越简单越美味

葱油蒸鲳鱼

30分钟　简单

特色

鲳鱼味美而刺少，做法多样、肉质细嫩，满足了我们对海鱼的所有期待，经典的清蒸法子，用热油将葱姜的香气激发出来，简单就很美味。

材料

鲳鱼2条（约400克）| 姜片4片 | 葱结（小）2个 | 葱丝2汤匙 | 姜丝少许 | 料酒1汤匙 | 盐1/2茶匙 | 白胡椒粉少许 | 蒸鱼豉油1汤匙 | 植物油1汤匙

烹饪秘籍

这种做法也适合黄鱼、带鱼等海鱼。

做法

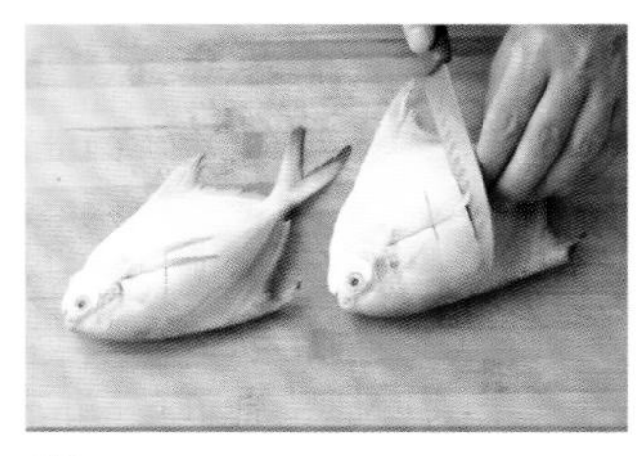

❶ 将鲳鱼处理干净，擦干水分，在鱼身上划上几刀。

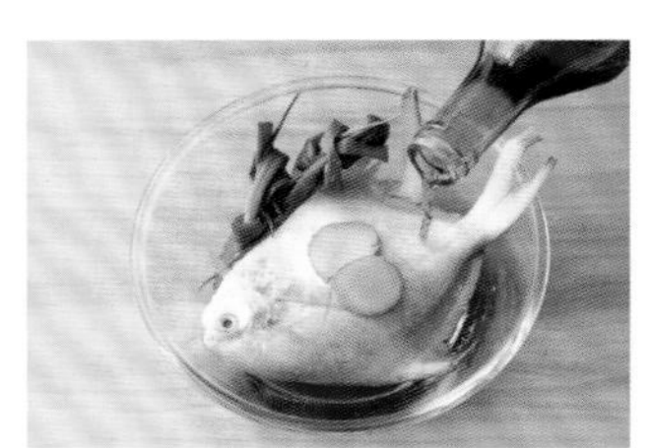

❷ 用盐、白胡椒粉、料酒、葱结、姜片腌制15分钟，使之入味。

❸ 将鲳鱼充分擦干（包括鱼肚内），装入鱼盘中。

❹ 将蒸锅中的水烧沸，待蒸锅上汽，入蒸锅大火蒸6分钟左右，取出。

❺ 将鱼盘内的汤汁倒掉，淋入蒸鱼豉油，摆上葱丝和姜丝。

❻ 将植物油放入小锅中加热，淋在葱姜丝上即可。

精致宴客蒸菜

三丝鱼卷

30分钟 中等

特色

一改蒸鱼的原始做派，鲜嫩的鱼片包裹色彩鲜明的蔬菜丝，鲜味互相融合，无须过多的调味，即可品尝到食材自身的美好味道。

材料

净鱼肉200克｜金针菇50克｜胡萝卜丝50克｜木耳丝50克｜橄榄菜适量｜盐1/2茶匙｜白胡椒粉少许｜蛋清1/2个｜料酒1茶匙｜水淀粉1汤匙

烹饪秘籍

净鱼肉建议选草鱼、鲈鱼、龙利鱼等白色细致的鱼肉。

做法

❶ 将净鱼肉洗净，切成大片。

❷ 将鱼肉片放入大碗中，加入盐、白胡椒粉、蛋清、水淀粉、料酒搅拌均匀，静置5分钟使之入味。

❸ 将金针菇、木耳丝、胡萝卜丝切成等长的丝。

❹ 将鱼肉铺在菜板上，放上金针菇、木耳丝、胡萝卜丝卷成鱼卷。

❺ 将蒸锅中的水烧沸，待蒸锅上汽，放入蒸锅中大火蒸5分钟，取出。

❻ 装盘，点缀上橄榄菜即可。

无刺无烦恼

剁椒蒸虾饼

20分钟　中等

特色

在湘菜馆里每次必点剁椒鱼头，咸辣之味越吃越停不下来，可鱼刺着实恼人，索性用无刺的虾饼代替，没有吐鱼刺的烦恼，吃起来更过瘾。

材料

虾仁200克｜蛋清1/2个｜料酒2茶匙｜淀粉适量｜盐少许｜青菜6棵（约100克）｜剁椒1汤匙｜蚝油1茶匙｜生抽1茶匙｜白砂糖1/2茶匙｜白醋1/2汤匙｜姜末1/2茶匙｜蒜末2茶匙｜葱花1茶匙

烹饪秘籍

1 可以在虾仁中加入适量龙利鱼肉、青鱼肉等，增加风味。

2 还可加入荸荠、莲藕等清脆口感的食材。

做法

1 将虾仁处理干净，挑掉虾线。

2 将虾仁用刀背剁成蓉。

3 将虾蓉放入大碗中，加入蛋清、料酒、盐，用力搅拌，使之上劲。

4 加入淀粉继续搅拌。

5 将虾泥充分摔打，排净空气，团成饼状，放入盘中。

6 将剁椒、蚝油、生抽、白砂糖、白醋、蒜末、姜末调成剁椒酱，涂在虾饼上。

7 将蒸锅中的水烧沸，待蒸锅上汽，放入蒸锅中大火蒸5分钟。

8 摆上青菜继续蒸2分钟，取出。

9 撒上葱花即可。

鲜嫩柔滑

虾仁蒸蛋

15分钟　简单

特色

过筛之后的蛋液，蒸出的蛋羹鲜嫩平滑无气泡，摆上虾仁，淋上豉油，鲜美不凡。

材料

鸡蛋4个｜虾仁7只｜葱花1/2汤匙｜蒸鱼豉油2茶匙｜盐1/2茶匙｜料酒1茶匙｜白胡椒粉少许

烹饪秘籍

可放入银杏、香菇等食材同蒸。

做法

❶ 虾仁用少许盐、料酒、白胡椒粉拌均匀，冷藏30分钟。

❷ 将鸡蛋打散，加入100毫升清水，过筛，装入深碗中。

❸ 将蒸锅中的水烧沸，待蒸锅上汽，将鸡蛋入蒸锅蒸8分钟。

❹ 待表面凝固，摆上虾仁，再蒸3分钟，取出。

❺ 在蒸好的蛋羹上淋上蒸鱼豉油，撒上葱花即可。

深夜食堂

酒蒸蛤蜊

15分钟 简单

特色

这是日剧《深夜食堂》里最经典的料理，用酒烹煮蛤蜊，显鲜又除腥，酱汁非常鲜美，用来拌米饭再美味不过。

材料

蛤蜊600克｜清酒100毫升｜大蒜2瓣｜植物油1汤匙｜干辣椒1个｜黄油20克｜酱油2茶匙｜葱花1汤匙

烹饪秘籍

这种做法也适合于蛏子、花甲等贝类。

做法

❶ 蛤蜊放入盐水中吐沙半天，清洗干净，控干水分。大蒜切片。

❷ 小锅烧热，加入植物油，加入蒜片和干辣椒爆香。

❸ 放入蛤蜊，淋入清酒，盖上锅盖，大火煮5分钟左右。

❹ 待蛤蜊都开口之后，加入酱油、黄油，煮开。

❺ 关火，撒上葱花即可。

比肉更美味

金银蒜蒸娃娃菜

15分钟　中等

特色

浓香四溢的豆豉蒜蓉酱常被用于海鲜的烧烤，没想到淋在娃娃菜上蒸出来也是这般爽口多汁。

材料

娃娃菜2棵（约300克）| 粉丝30克 | 大蒜50克 | 豆豉10克 | 蒸鱼豉油1汤匙 | 植物油1汤匙

烹饪秘籍

1 可以根据个人口味加入辣椒和葱花。

2 用虾仁替换娃娃菜即成金银蒜蒸虾仁。

做法

❶ 将大蒜切成碎粒（不可做成蒜泥）。

❷ 锅中加入植物油烧热，放入一半的蒜粒，小火炸成金黄色。

❸ 加入豆豉、蒸鱼豉油和1汤匙清水，烧开关火。

❹ 将蒜酱汁装入碗中放至温热，加入另一半蒜粒，搅拌均匀成金银蒜酱汁。

❺ 将粉丝泡软，放入盘底。

❻ 将娃娃菜切开成适口大小，铺在粉丝上，淋上1汤匙金银蒜酱汁。

❼ 将蒸锅中的水烧沸，待蒸锅上汽，大火蒸8分钟。

❽ 取出，根据口味再淋上适量金银蒜酱汁即可。

极鲜极美

鸡汁蒸平菇

15分钟　简单

特色

平菇是极为鲜美的菌菇，在咸香的鸡汁的包裹下，绝妙的滋味在舌尖荡漾开来。

材料

平菇200克｜浓鸡汤200毫升｜姜丝少许｜盐1/2茶匙｜水淀粉适量

烹饪秘籍

用香菇、茶树菇代替平菇亦可。

做法

❶ 将平菇洗净，撕成大块，控干水分。

❷ 将平菇放入碗中，加入浓鸡汤、姜丝和盐。

❸ 将蒸锅中的水烧沸，待蒸锅上汽，上蒸锅蒸10分钟。

❹ 将平菇取出装盘。

❺ 将碗底的鸡汁放入小锅中煮滚，加入水淀粉勾芡。

❻ 将熬好的鸡汁淋在平菇上即可。

极简蒸时蔬

蘑菇蒸菜心

15分钟 简单

特色

简单健康的蒸蔬菜，是令人怀念的家常味道。这道菜里，多了一份蘑菇的鲜，添了一味炸蒜的香，更令人难忘。

材料

菜心200克 | 蘑菇6朵 | 蒸鱼豉油2茶匙 | 蒜片少许 | 植物油1/2汤匙

烹饪秘籍

可以用芥蓝等蔬菜替换菜心。

做法

❶ 将菜心处理干净，切成长段，铺在盘底。

❷ 蘑菇洗净，切成厚片，铺在菜心上。

❸ 将蒸锅中的水烧沸，待蒸锅上汽，放入蒸锅中大火蒸5分钟，取出。

❹ 将小锅烧热，倒入植物油，放入蒜片炸至金黄色。

❺ 加入蒸鱼豉油、少许蒸菜心盘中的汤汁，煮开成酱汁。

❻ 将熬好的酱汁淋在蘑菇蒸菜心上即可。

红玉软香

枣泥糯米藕

120分钟 简单

特色

在传统的红糖糯米藕中，增加了一份红枣的甜润，枣香、藕香、红糖香，色泽红亮、芳香甜糯。

材料

莲藕（大）1节 | 糯米50克 | 枣泥40克 | 红糖50克

烹饪秘籍

可以用高压锅代替蒸锅，用高压锅中火煮30分钟左右即可。

做法

1 将糯米浸泡2小时以上，控干水分。

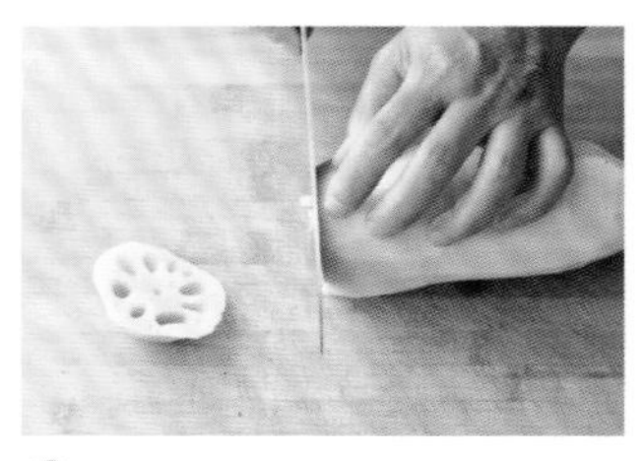

2 莲藕削皮、洗净，在一端切开。

3 将糯米和30克枣泥混合，塞入藕孔中，用筷子压一下，使之没有空隙（不能太紧，容易蒸裂）。

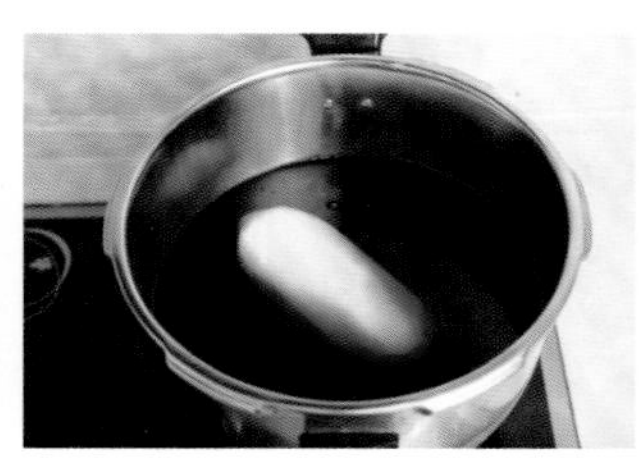

4 将莲藕放入锅中，加入红糖和没过莲藕的清水，浸泡1小时入味，再捞出盛入碗中。

5 将蒸锅中的水烧沸，待蒸锅上汽，放入莲藕，大火蒸2小时左右。关火，静置至放凉。

6 将蒸好的莲藕切片。

7 将浸泡过莲藕的红糖汁放入小锅中，加入10克枣泥，熬煮至浓稠。

8 将熬好的枣泥红糖汁淋在莲藕上即可。

桂子月中落，天香云外飘

桂花蒸山药

15分钟　简单

特色

白得晶莹剔透的山药条，灿若星辰的点点桂花，每一口都能甜到心底。

材料

山药1根（约300克）| 糖桂花1汤匙 | 白醋1汤匙

烹饪秘籍

可以在顶部放上少许枸杞子作为点缀，视觉效果更好。

做法

❶ 将山药削皮、洗净，切成长条。

❷ 将山药放入大碗中，加入白醋和适量清水，浸泡片刻。

❸ 将蒸锅中的水烧沸，待蒸锅上汽，将山药控干水分放入盘中，上笼蒸10分钟，取出。

❹ 将山药装盘，淋上糖桂花即可。冷食热食均可。

特色

常见的糖水搭配变身为蒸菜，滋味更为浓郁，在红枣与银耳"伺候"之下的红薯，甜香软糯糯，红枣也变得尤为甜润。

材料

红薯400克 | 红枣50克 | 冰糖50克 | 银耳（干）1/2朵

烹饪秘籍

可以将红薯换成南瓜。

甜香软糯糯

蜜汁红枣银耳蒸红薯

30分钟　简单

做法

❶ 将银耳提前用清水泡发，撕成方便食用的块，洗净备用。

❷ 红薯削皮、洗净，切成大块。

❸ 红枣洗净，和冰糖、银耳、100毫升清水一起放入小锅中，小火煮至冰糖溶化。

❹ 将红薯装入碗中，加入熬煮好的红枣冰糖汁。

❺ 将蒸锅中的水烧沸，待蒸锅上汽，大火蒸15分钟，取出装盘即可。

甜香软糯糯

焦糖蒸香芋

15分钟 中等

特色

香芋本就是美味的甜点食材，简单地蒸熟，粉粉糯糯，淋上奶油焦糖酱，便是一道自然风味的朴素甜点。

材料

香芋400克 | 细砂糖25克 | 淡奶油25克

烹饪秘籍

如果不使用奶油，可以用等量的热水代替。

做法

❶ 在小锅中放入细砂糖和10毫升冷水，小火煮开（不要搅拌）。

❷ 待颜色呈现焦糖色，加入淡奶油搅拌，离火，使之冷却，即成焦糖奶油酱。

❸ 将香芋削皮，洗净，切成1厘米的厚片，铺在盘底。

❹ 将蒸锅中的水烧沸，待蒸锅上汽，将香芋放入蒸锅中大火蒸15分钟，取出。

❺ 淋上奶油焦糖酱即可。

Chapter 2
煮

亦汤亦菜的快手煮物

香肠煮圆白菜

15分钟　简单

特色

不需要长时间炖煮，就能吃到蔬菜多多的汤菜，香肠、菌类、蔬菜的组合，快手且美味。

材料

圆白菜4片｜西式香肠4根｜蘑菇4个｜高汤1碗｜盐少许｜黑胡椒碎少许

烹饪秘籍

1 建议选用可即食的熟制香肠，如果选用生香肠，请适当延长烹煮时间。

2 选用日式高汤、清鸡汤等清淡的高汤味道较好。

做法

❶ 将圆白菜洗净，随意撕成适口的大小。

❷ 蘑菇洗净，一切为二。

❸ 用小刀在香肠上划上几刀，以便出味。

❹ 将高汤放入小锅中煮开。

❺ 加入圆白菜、蘑菇、香肠煮5分钟，用盐和黑胡椒碎调味。

❻ 装盘，趁热食用。

高颜值便当菜

番茄煮圆白菜肉卷

30分钟　中等

特色

形状与味道兼备的圆白菜肉卷，往往是便当盒里最吸引眼球的主角，使用番茄煨煮，清爽入味。

材料

圆白菜4片 | 猪肉末100克 | 圣女果200克 | 葱花1/2汤匙 | 香油1茶匙 | 蛋清1个 | 姜泥1茶匙 | 清鸡汤300毫升 | 盐少许 | 白胡椒粉少许

烹饪秘籍

1 如果觉得圣女果味淡，可以加入适量番茄酱或者整粒番茄罐头。

2 圆白菜肉卷一定要裹紧实，用牙签扎紧，或者用小葱绑紧，防止煮时散开来。

做法

1 将圆白菜用保鲜膜完全包裹起来，放入微波炉高火转30秒，至柔软取出。

2 在大碗中放入猪肉末，加入葱花、姜泥、香油、白胡椒粉、盐、蛋清、1汤匙清水混合均匀，顺着一个方向搅打上劲。

3 将圆白菜平铺上在菜板上，在三分之一处放上适量肉馅，卷起，包裹紧实，用牙签插住底部，使之固定。

4 将圣女果洗净，一切为二。

5 在小锅中放入清鸡汤煮沸，放入圣女果和圆白菜肉卷。

6 待圣女果煮软烂，肉卷煮熟，加入适量盐和白胡椒粉调味。

7 去掉牙签，装盘即可。

趣致反差萌

培根煮南瓜

15分钟 简单

特色

南瓜在咸香培根的衬托下，甜味尽显，是很多厨艺高手喜欢的完美搭配，无须过多烹调就能达到很好的风味。

材料

南瓜400克 | 培根3片 | 浓汤宝1个 | 植物油1/2汤匙 | 盐 少许 | 黑胡椒碎少许

烹饪秘籍

可以将南瓜换成山药、紫薯、红薯、土豆等根茎类食材。

做法

❶ 将南瓜去皮、去子，切成大块。

❷ 将培根切成小片。

❸ 取一只不粘锅，放入植物油，煎香培根。

❹ 放入南瓜翻炒至表面微微焦黄。

❺ 加入开水和浓汤宝煮开，小火炖煮至南瓜软糯。

❻ 用盐和黑胡椒碎调味即可。

蔬菜多多的日式料理

筑前煮

60分钟　简单

特色

筑前煮是日本福冈地区的乡土料理，用料丰富、荤素搭配。尤其适合在节日庆典时，丰富地煮上一锅。

材料

鸡腿肉200克｜胡萝卜1/2根｜魔芋100克｜莲藕100克｜鲜香菇4朵｜荷兰豆8个｜白砂糖2茶匙｜酱油2汤匙｜清酒1汤匙｜黑胡椒碎少许｜橄榄油1汤匙

烹饪秘籍

可以根据喜好加入牛蒡、竹笋等食材。

做法

❶ 将鸡腿肉洗净，切成大块，放入碗中，加入1茶匙白砂糖、1茶匙酱油、1茶匙清酒、少许黑胡椒碎拌匀，腌渍5分钟。

❷ 将胡萝卜和莲藕分别洗净，削皮，切成小滚刀块；鲜香菇和魔芋洗净，切成小块。

❸ 将荷兰豆择洗净，放入沸水中汆烫备用。

❹ 将平底锅倒入橄榄油烧热，放入鸡肉翻炒至表面变色。

❺ 加入胡萝卜、莲藕、香菇、魔芋翻炒均匀，加入剩余的清酒、酱油、白砂糖以及1碗开水，大火煮开，中火炖煮至蔬菜熟透，收汁浓稠。

❻ 装盘，摆上荷兰豆点缀即可。

低脂健身料理

西蓝花煮鸡胸肉

15分钟　简单

特色

西蓝花与鸡胸肉可以说是健身料理中最核心的食材，热量低，加入香菇增添香味，简单同煮，大快朵颐也不必担心热量。

材料

西蓝花1棵（约300克）｜鸡胸肉1块｜鲜香菇3朵｜高汤1碗｜盐少许｜黑胡椒碎少许

烹饪秘籍

1 用菜花或者其他绿叶蔬菜代替西蓝花也很美味。

2 没有高汤可以用浓汤宝代替，但需要注意控制盐分。

做法

❶ 将西蓝花掰成小朵，洗净控水。鲜香菇洗净，切成厚片。

❷ 小锅中放入高汤煮开，放入鸡胸肉，用盐和黑胡椒碎调味。

❸ 待鸡胸肉煮熟捞出，略微放凉，撕成方便食用的大块。

❹ 将高汤大火烧至约剩下一半的量，放入西蓝花、香菇片、鸡胸肉煮熟，用盐和黑胡椒碎调味即可。

软烂香糯

芋头煮鸡翅

30分钟 简单

特色

这是经典川菜“芋儿鸡”的家常健康版本，少油不辣的风味更适合在家烹煮，一定要将芋头煮得足够软烂才好吃。

材料

鸡翅6个｜芋头200克｜高汤1碗｜白砂糖1茶匙｜生抽2茶匙｜清酒1汤匙｜植物油2茶匙

烹饪秘籍

如果用香芋替换芋头，则口感更加绵密香糯。

做法

❶ 将芋头去皮，洗干净，切成块。

❷ 锅烧热，放入植物油，加入鸡翅煎至上色，淋入清酒烧开。

❸ 加入高汤、白砂糖、生抽煮开，煮至鸡翅六成熟。

❹ 加入芋头煮至软烂即可。

相得益彰的美味

蛤蜊煮鸡翅

30分钟　中等

特色

鸡翅借蛤蜊的鲜、蛤蜊借鸡翅的香，二者相得益彰，无须过多食材就很好吃，是家常菜最喜闻乐见的搭配。

材料

鸡翅6个｜蛤蜊200克｜姜片2片｜蒜2瓣｜葱白1段｜料酒1汤匙｜生抽1汤匙｜老抽1茶匙｜白砂糖1茶匙｜香叶1片｜八角1个｜葱花1茶匙｜植物油2茶匙｜盐少许

烹饪秘籍

可以用这种方法做鸡块、鸡腿，都很美味。

做法

❶ 蛤蜊提前放入盐水中，吐沙一两个小时，洗干净备用。

❷ 在鸡翅上划几刀，擦干水分。

❸ 锅烧热加油，加入姜片、蒜瓣、葱段爆出香味，放入八角、香叶。

❹ 放入鸡翅炒至表面紧缩上色。

❺ 加入料酒烧2分钟，加入生抽、老抽、白砂糖和一小碗开水煮开。

❻ 待鸡翅煮至能轻松插入筷子，放入蛤蜊煮开口，大火收汁。

❼ 装盘，撒上葱花即可。

成都街头的清汤饭

鸡丝豆汤饭

180分钟　中等

特色

以鸡汤为底，配以“耙豌豆”软糯的口感，蔬菜的清香，饱满的米粒，一碗足矣。

材料

豌豆（干）100克 | 土鸡1/2只 | 老姜1块 | 葱结1个 | 米饭1碗 | 青菜50克 | 葱花少许 | 盐适量 | 白胡椒粉少许

烹饪秘籍

可以用肥肠、排骨代替土鸡。

做法

❶ 豌豆洗干净，用水浸泡12小时以上。

❷ 土鸡洗净，汆烫去血水。

❸ 将土鸡、豌豆、老姜、葱结、白胡椒粉、清水一同放入炖锅中，大火烧开，中火炖煮2小时左右，直至豌豆充分软烂。

❹ 将土鸡取出，将鸡肉撕成粗丝。

❺ 将米饭、土鸡汤一同放入小锅中烧开，用盐和白胡椒粉调味。

❻ 加入青菜和鸡丝煮熟，撒上葱花即可。

快手炒咖喱

鸡肉鹰嘴豆咖喱

20分钟　中等

特色

不需要长时间炖煮，这款炒制的咖喱便捷又迅速，使用鹰嘴豆罐头，软糯而不散烂，煮煮就很好吃。这道咖喱还非常适合用来作为饭团馅料。

材料

鸡腿肉200克｜鹰嘴豆罐头1罐（400克）｜咖喱块3块｜白洋葱末50克｜番茄1个（小）｜蒜末1茶匙｜姜末1克｜植物油1汤匙｜月桂叶1片｜香菜碎1茶匙｜盐1茶匙｜黑胡椒碎少许

烹饪秘籍

这道咖喱热食冷吃都很美味。

做法

❶ 将鸡腿肉切成大块，番茄切成小块。

❷ 平底锅烧热，加入植物油，放入月桂叶、蒜末、白洋葱末翻炒，至颜色微微呈焦糖色。

❸ 加入姜末、咖喱块、一半盐炒出香味，加入番茄粒炒软。

❹ 加入鸡肉块炒至表面颜色变白。

❺ 将鹰嘴豆罐头连同汤汁一同放入锅中，煮至鸡肉刚熟即可，用黑胡椒碎和剩余盐调味。

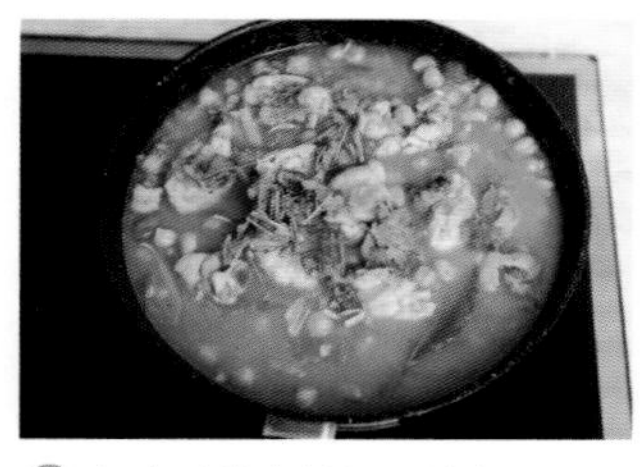

❻ 加入香菜碎拌匀，装盘即可。

惹味川香

麻辣煮鸭血

15分钟　简单

特色

鸭血的爽滑细嫩，火锅底料的辣、泡椒的酸，都令人无法抵挡，总能将米饭一扫而光。

材料

鸭血300克｜泡椒3个｜火锅底料1汤匙｜蒜苗2根｜姜末1茶匙｜蒜末1茶匙｜高汤1碗｜盐少许

烹饪秘籍

1 建议选择预蒸熟的鸭血，使用较方便，用猪血亦可。

2 在出锅前加入少许陈醋，便是美味的酸辣鸭血。

做法

❶ 将鸭血洗净，切成块；蒜苗择洗净，切成段。

❷ 沸水中加入少许盐，加入鸭血汆烫约2分钟，捞出控水。

❸ 小锅中加入高汤煮沸，放入火锅底料、姜末、蒜末、泡椒再次煮开。

❹ 放入鸭血块煮熟，加入蒜苗段，煮开即可装盘。

特色

三文鱼油脂丰润、胶质多多，用咖喱炖煮能缓解油腻之感与海鱼的腥味，吃完鱼后的咖喱汁一定要用来拌米饭哦。

材料

三文鱼2块（约200克）｜秋葵4个｜咖喱块2小块｜淀粉适量｜盐少许｜黑胡椒碎少许｜植物油1茶匙

烹饪秘籍

这种做法同样适合用来做三文鱼鱼头。

胶质满满的醇香煮物

咖喱煮三文鱼

30分钟　中等

做法

❶ 秋葵洗净，切成小滚刀块。

❷ 在三文鱼上撒上盐和黑胡椒碎，腌5分钟，拍上少许淀粉。

❸ 平底锅倒油烧热，放入三文鱼煎至表面金黄，取出。

❹ 在小锅中加入少许清水烧开，加入三文鱼、秋葵、咖喱块煮熟即可。

寻常食材的不寻常味道

金枪鱼煮土豆

15分钟　中等

特色

土豆与金枪鱼罐头都是家中常备的食材，搭配在一起却十分惊艳，绵软的土豆煮得酥酥烂烂，包裹着一层金枪鱼蓉，咸鲜质软，极其美味。

材料

金枪鱼罐头（油浸为佳）1罐｜土豆500克｜清酒20毫升｜日本酱油20毫升｜味醂20毫升｜白砂糖5克｜植物油10毫升

烹饪秘籍

可以根据自己的喜好撒上葱花、黑胡椒碎等。

做法

❶ 准备好所有材料，金枪鱼罐头打开备用。

❷ 土豆洗净，削皮、切块。

❸ 小锅烧热，加入植物油和小土豆轻轻拌炒均匀。

❹ 加入金枪鱼罐头（连同汤汁）、清酒、一杯清水，煮开。

❺ 加入白砂糖和味醂，调中火，煮至土豆能用筷子轻轻插入的程度。

❻ 加入日本酱油，调小火，收汁即可。

奇妙的水

意式水煮鲈鱼

30分钟 中等

特色

这道直译为“奇妙的水”的经典意式煮鱼法子，用鱼类加上清水烹煮而成，充分体现了鱼类和贝类的鲜美。

材料

海鲈鱼1条（约400克）｜橄榄油1汤匙｜蒜1瓣｜青口200克｜白葡萄酒2汤匙｜圣女果4个｜欧芹碎1茶匙｜盐少许｜黑胡椒碎少许

烹饪秘籍

这种做法也适合其他白色鱼肉的海鱼。

做法

❶ 海鲈鱼洗净，在表面划上几刀，撒上盐和黑胡椒碎，腌渍10分钟使之入味。

❷ 青口刷洗干净。

❸ 圣女果洗净，一切为二。

❹ 平底锅烧热，加入橄榄油、蒜瓣，放入海鲈鱼煎至表面上色。

❺ 放入青口，淋入白葡萄酒，加适量清水烧开。

❻ 待鱼肉将熟，放入圣女果煮软，用盐和黑胡椒碎调味，撒上欧芹碎即可。

喝到念念不忘

酸辣浓汤煮鱼丸

15分钟　中等

特色

酸辣开胃的汤羹，辣味来源于汤中大量使用的白胡椒粉，可在最后淋上少许辣油提升香味与辣味。额头上微微冒汗的感觉，最是舒服。

材料

鱼丸200克｜鲜香菇（或干香菇）3朵｜泡发木耳5朵｜韭黄20克｜鸡蛋2个｜陈醋2汤匙｜生抽1汤匙｜料酒2茶匙｜清鸡汤2碗｜香菜段10克｜盐少许｜白胡椒粉少许｜水淀粉适量

烹饪秘籍

1 不习惯香菜，可以用葱花代替。

2 韭黄也可用冬笋丝代替。
3 这道汤羹可以作为面条的汤头。

做法

❶ 将泡发木耳切成粗丝；鲜香菇洗净，切成片；韭黄择洗净，切段。

❷ 在小锅中将鸡汤烧开，放入鱼丸、木耳和香菇。

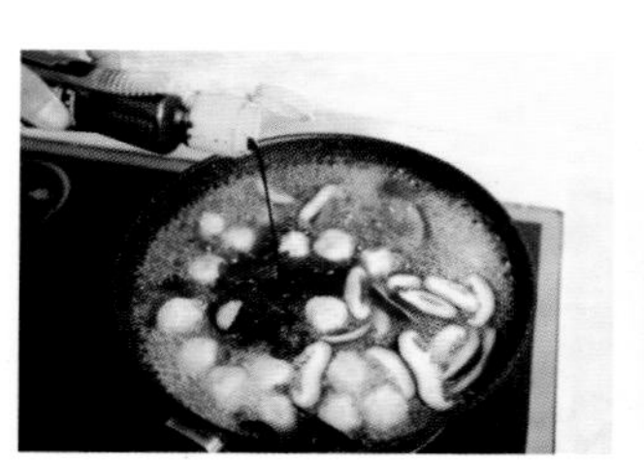

❸ 加入生抽、白胡椒粉、料酒、盐煮开。

❹ 将鸡蛋打散，倒入锅中。

❺ 加入水淀粉勾厚芡，放入韭黄段，淋入陈醋，煮开。

❻ 将汤装入碗中，撒上香菜段即可。

亦红烧亦清蒸

酱油水煮黄鱼

15分钟　中等

特色

酱油水煮是闽南一带最常见的煮鱼方法，最能凸显鱼的本味，咸鲜微辣，除了黄鱼，用来烹煮海杂鱼也很美味。

材料

大黄鱼1条（约300克）| 蛤蜊300克 | 蒜苗2根 | 红辣椒段2个 | 蒜（拍破）3瓣 | 姜片2片 | 蒸鱼豉油1汤匙 | 植物油1汤匙 | 白醋1茶匙 | 酱油2汤匙 | 盐少许

烹饪秘籍

用这种做法来制作小海鱼都很美味。

做法

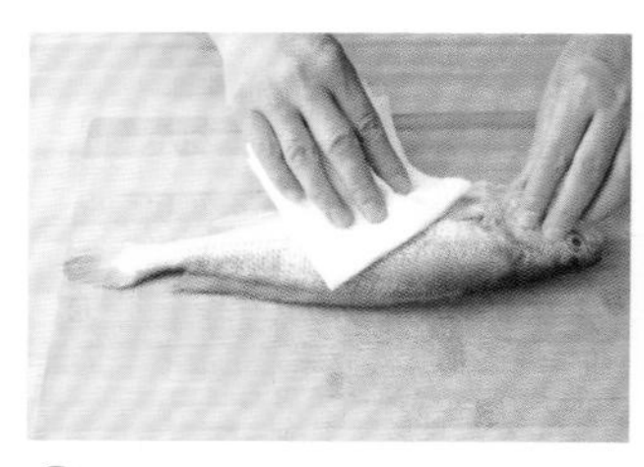

❶ 将蛤蜊提前放入盐水中吐沙；黄鱼剖洗干净，擦干水分；蒜苗切段；红辣椒切丁。

❷ 锅烧热，放油，放入姜片、蒜瓣、红辣椒丁、蒜苗的蒜白部分爆出香味。

❸ 加入1碗开水、蒸鱼豉油、酱油、白醋煮开。

❹ 放入黄鱼煮至六成熟。

❺ 放入蛤蜊煮开口，加入剩余青蒜苗段，即可装盘。

酸辣胖头鱼

泡椒煮鱼头

30分钟　中等

特色

花鲢鱼头又称“胖头鱼”，个大肉嫩，用酸辣的泡椒炖煮入味，令人胃口大开。

材料

花鲢鱼头1个（约500克）| 泡椒10个 | 泡青菜段100克 | 泡椒水1汤匙 | 芹菜段10克 | 姜片3片 | 小葱结1个 | 植物油1汤匙 | 白胡椒粉少许 | 盐适量 | 料酒1汤匙

做法

❶ 将鱼头清洗干净，一劈为二，加入料酒、少许盐和白胡椒粉抹匀，腌渍15分钟。

❷ 不粘锅烧热，倒入植物油，放入鱼头和姜片煎至表面呈金黄色。

❸ 放入泡椒、泡青菜段、葱结，翻炒出香味，加入泡椒水和一碗开水煮开。

❹ 炖煮15分钟至鱼头略微软烂，加入芹菜段，用盐调味即可。

烹饪秘籍

可以加入少许辣椒酱，风味更醇厚。

特色

大量使用香料制成的绿咖喱，清香味辣，特别开胃，尤其适合烹煮各类海鲜与蔬菜。

清香味辣

泰式绿咖喱煮虾仁

15分钟　简单

材料

虾仁12只 | 茄子100克 | 西葫芦100克 | 青咖喱酱1汤匙 | 椰浆100毫升 | 罗勒叶10片 | 盐少许 | 黑胡椒碎少许

烹饪秘籍

1 可以将蔬菜换成自己喜欢的品种。
2 绿咖喱较辣，请酌情使用。

做法

❶ 将西葫芦和茄子分别洗净，一切为二，切成厚片。

❷ 小锅内放入青咖喱酱、椰浆和少许清水烧开。

❸ 加入茄子、虾仁、西葫芦煮3分钟。

❹ 用盐和黑胡椒碎调味，放入罗勒叶，即可装盘。

多一味更美

麻婆虾仁豆腐

30分钟　中等

特色

在传统的麻婆豆腐中加入虾仁，豆腐麻辣鲜香，虾球弹牙，味道丰富，营养均衡。

材料

豆腐1块（约300克）｜虾仁8只｜牛肉末50克｜蒜苗段30克｜豆瓣酱2茶匙｜花椒粉少许｜生抽2茶匙｜植物油1汤匙｜香油1茶匙｜水淀粉适量｜蒜末1茶匙｜盐少许

烹饪秘籍

可以用猪肉末代替牛肉末。

做法

❶ 将豆腐洗净，切块。

❷ 锅烧热放油，加入牛肉末炒散，中小火煸至发干、颜色焦黄。

❸ 加入豆瓣酱和蒜末，炒至出红油，加入生抽、1小杯清水煮开。

❹ 加入虾仁、盐和豆腐煮熟。

❺ 加入水淀粉勾厚芡，淋上香油，撒上蒜苗段煮开，即可装盘。

❻ 撒上少许花椒粉，趁热食用。

鲜甜甘润

虾仁煮冬瓜

30分钟 中等

特色

冬瓜清热解暑，虾仁咸鲜味美，二者搭配鲜甜甘润，用虾米、虾皮代替虾仁亦是不错的选择。

材料

虾仁10只 | 冬瓜300克 | 姜丝1茶匙 | 蛋清少许 | 葱花2茶匙 | 料酒1茶匙 | 高汤500毫升 | 盐少许 | 水淀粉适量 | 植物油1/2汤匙

烹饪秘籍

如果不使用虾仁，也可以用虾皮代替。

做法

❶ 将虾仁洗净，放入小碗中，加入盐、料酒、1茶匙水淀粉、蛋清抓匀，静置15分钟。

❷ 冬瓜去皮、去瓤，切成小块。

❸ 在小锅中放入高汤煮开，加入冬瓜和姜丝煮至七成熟，盛出。

❹ 锅烧热，放入植物油，加入虾仁煎上色，倒入步骤3中的高汤和冬瓜，煮开。

❺ 淋入少许水淀粉勾芡，加入葱花翻匀，装盘即可。

“天然味精”入菜来

虾皮煮青菜

15分钟 简单

特色

一把虾皮，是天然的味精与钙片，总习惯在料理蔬菜时来一把，让朴素的青菜也变得鲜美起来。

材料

青菜200克 | 鲜香菇4朵 | 虾皮10克 | 高汤1碗 | 水淀粉少许 | 白胡椒粉少许

做法

1 将鲜香菇洗净，切成片；青菜择理干净。

2 将高汤放入小锅中煮开，加入香菇片、虾皮、少许白胡椒粉煮开。

3 加入青菜煮软，捞起放入深盘中。

4 将小锅烧开，加入水淀粉勾芡，淋在盘中的青菜上即可。

烹饪秘籍

1 可以用任意绿叶蔬菜代替青菜。

2 虾皮中盐分较高，基本上不需要额外加盐。

法式小酒馆的味道

白葡萄酒煮青口

15分钟　简单

特色

青口即贻贝，是价廉物美的贝类，大量使用白葡萄酒烹煮，让酒香渗透进青口中，能最大限度地保留青口原本的鲜嫩多汁。

材料

青口500克｜蒜末1茶匙｜洋葱末1茶匙｜白葡萄酒1杯｜黄油1小块｜月桂叶1片｜百里香1枝｜黑胡椒碎少许｜欧芹碎1茶匙

烹饪秘籍

1 如果使用清酒代替白葡萄酒，即为清酒煮青口。

2 使用其他种类的贝类代替青口也同样美味。

做法

❶ 青口刷洗干净。

❷ 小锅中放入黄油烧融化，加入蒜末和洋葱末爆出香味。

❸ 加入月桂叶、百里香、黑胡椒碎、葡萄酒烧开。

❹ 放入青口，盖上盖子，煮5分钟至开口，关火。

❺ 撒上欧芹碎即可。

一次吃过瘾的味噌汤

味噌煮蛤蜊

15分钟　简单

特色

蛤蜊、裙带菜与味噌，是日式味噌汤的经典搭配，大量使用蛤蜊，吃起来更过瘾，也可以煮上些嫩豆腐，饱吸汤汁。汤汁还能泡米饭，极为鲜美。

材料

蛤蜊500克｜裙带菜5克｜姜丝5克｜味噌酱2汤匙｜葱花1茶匙｜盐少许

烹饪秘籍

也可以在汤中加入嫩豆腐，味道也很美味。

做法

❶ 蛤蜊放进盐水中泡2小时，吐尽泥沙。

❷ 裙带菜用清水泡发开，淘洗干净。

❸ 在小碗中放入味噌酱和少许清水，用勺子充分调匀。

❹ 在锅中放入一碗水和姜丝烧开，放入蛤蜊煮开口。

❺ 加入裙带菜煮开。

❻ 调入味噌酱，煮开后立即关火，撒上葱花即可。

浓汤时蔬

上汤菠菜

30分钟　中等

特色

用皮蛋、咸蛋便能轻松煮出咸鲜浓厚的高汤，炸蒜的甜糯与香气，用来煮任何绿叶蔬菜都很美味，如果可以，请务必使用猪油代替植物油，风味甚佳。

材料

菠菜300克｜皮蛋1个｜咸蛋1个｜蒜（拍破）8瓣｜姜丝2克｜盐少许｜白胡椒粉少许｜植物油1汤匙｜高汤1碗

烹饪秘籍

用青菜、娃娃菜、生菜代替菠菜同样美味。

做法

1 将皮蛋和咸蛋洗净，去壳，切成方粒。

2 将菠菜处理干净，切成长段。

3 锅烧热，加入植物油，放入蒜瓣炸至微微焦黄。

4 放入姜丝、皮蛋粒和咸蛋粒略微翻炒。

5 加入高汤、白胡椒粉煮沸。

6 放入菠菜煮熟，用盐调味即可。

泉水叮咚

泉水萝卜

40分钟 简单

特色

以矿泉水煮出的萝卜十分清甜，味道清新而隽永。配上活色生香的蘸碟，又是一种别致的风味。

材料

白萝卜1根 | 矿泉水1瓶 | 姜丝5克 | 小米辣圈1茶匙 | 香菜碎1茶匙 | 生抽1汤匙 | 陈醋1/2汤匙 | 辣椒酱2茶匙 | 盐少许

做法

❶ 将萝卜去皮，洗净，对半切开，再切成厚片。

❷ 将萝卜放入小砂锅中，倒入矿泉水，盖上盖子，小火炖煮30分钟，使萝卜充分柔软。

❸ 在小碗中放入姜丝、盐、小米辣圈、香菜碎、生抽、陈醋、辣椒酱，混合均匀。

❹ 连同砂锅端上桌，配着步骤3中调好的蘸碟食用。

烹饪秘籍

建议选择无油的辣椒酱，口味更加清爽。

特色

秋冬时节最喜欢温暖的煮菜，看起来朴实无华，入口却尽是浓醇鲜美，若是讲究的，使用老火慢炖的鸡汤，滋味立时倍增。

秋意盎然

板栗煮白菜

15分钟　简单

材料

白菜300克 | 板栗仁50克 | 高汤1碗 | 姜片2片 | 葱白1小段 | 盐少许 | 白胡椒粉少许 | 植物油1茶匙

做法

❶ 将白菜洗净，切成适口的块；板栗仁切成小块。

❷ 锅烧热，放入植物油，加入姜片和葱白段煎出香味，至颜色微微焦黄。

❸ 加入高汤和少许白胡椒粉煮开。

❹ 加入板栗仁和白菜煮熟，用盐调味即可。

烹饪秘籍

可以用娃娃菜代替白菜，味道更鲜甜。

地道广式糖水

腐竹煮白果

30分钟　简单

特色

这是一道顺滑绵软、营养丰富、祛湿消肿、美白养颜的地道广式糖水。

材料

腐竹（干）30克 | 白果仁30克 | 鹌鹑蛋4个 | 薏米20克 | 冰糖20克

烹饪秘籍

可以用荷包蛋代替鹌鹑蛋。

做法

❶ 将薏米提前一夜浸泡，淘洗干净。

❷ 腐竹浸泡半小时左右至柔软，取出，切成段。

❸ 鹌鹑蛋煮熟，剥壳备用。

❹ 将薏米和适量清水放入汤煲中，大火煮开，转小火炖煮半小时左右至软烂。

❺ 加入腐竹、白果、鹌鹑蛋，煮20分钟，加入冰糖煮开即可。

特色

熟悉的奶油浓汤香味，也是某家快餐店的招牌美味之一，多种奶制品的混合，香甜味浓，正餐小食都很适合。

材料

玉米2根 | 淡奶油100毫升 | 牛奶200毫升 | 白砂糖1汤匙 | 黄油20克

烹饪秘籍

如果使用玉米粒，只需煮5分钟即可。

浓浓奶油香

奶油煮玉米

30分钟　简单

做法

❶ 将玉米处理干净，剁成方便食用的块。

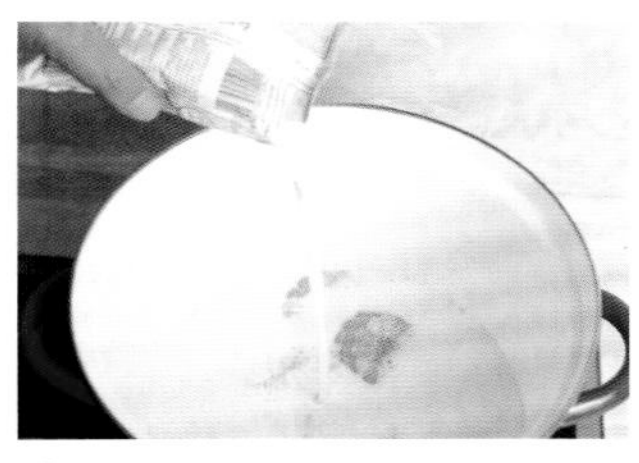

❷ 在小锅中放入淡奶油、牛奶、白砂糖、玉米、适量清水同煮开，小火煮15分钟。

❸ 放入黄油煮化，混合均匀。

❹ 将玉米装盘，淋入汤汁即可。

荤香素菜

蚝油煮双冬

60分钟　中等

特色

冬笋脆嫩、冬菇细软，这是以前在高级宴席中才会出现的经典素菜。也可以加入火腿、干贝、高汤煮出更为讲究的“荤香素菜”

材料

冬笋500克（带壳）| 冬菇（干）5朵 | 生姜（拍破）1小块 | 蚝油2茶匙 | 花椒3粒 | 料酒1汤匙 | 老抽1茶匙 | 香油少许 | 水淀粉少许 | 白砂糖1茶匙 | 植物油1汤匙 | 盐少许

烹饪秘籍

可以用普通的平菇代替冬菇，用春笋代替冬笋。

做法

❶ 将冬菇提前一夜用水泡发好。泡冬菇的水过滤留用。

❷ 将冬笋剥皮，切块。

❸ 将冬笋放入水中煮1小时左右，去除涩味，捞出待用。

❹ 锅烧热，放油，放入生姜块、花椒煸出香气。

❺ 加入蚝油、老抽、白砂糖、盐、料酒、泡冬菇的水（约1碗的量）烧开。

❻ 加入冬菇、冬笋煮入味。

❼ 加入水淀粉勾芡，淋入少许香油提香即可。

“吃不胖”的酸辣下饭菜

酸菜煮魔芋

30分钟　简单

特色

“吃不胖”的魔芋，是糖尿病患者和肥胖人士的理想食材，用酸菜烹煮，酸辣入味，热量却很低。

材料

魔芋300克｜酸菜50克｜植物油2茶匙｜干辣椒1个｜蒜片2瓣｜盐适量

烹饪秘籍

选择四川酸菜或者云南酸菜都很美味，可以放些酸泡椒增加酸辣味。

做法

❶ 将酸菜切成段或丝。

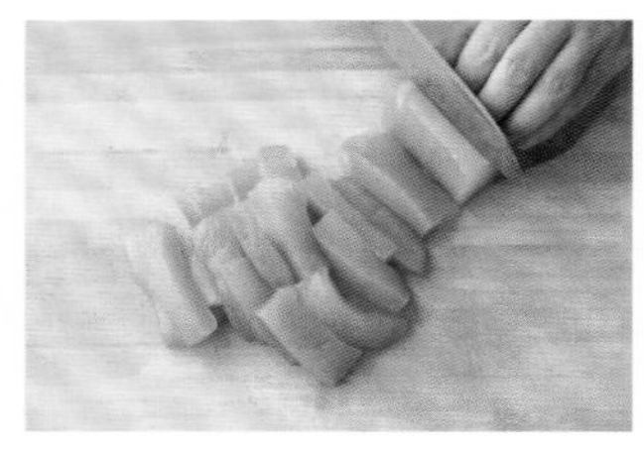

❷ 将魔芋切成粗丝。

❸ 在小锅里加入清水烧开，放入少许盐、魔芋条煮5分钟，捞出控水。

❹ 平底锅烧热，放入植物油，加入蒜片、干辣椒爆香。

❺ 放入酸菜翻炒出香味。

❻ 放入魔芋丝、1杯开水煮开，炖煮5分钟，用盐调味即可。

山野的味道

裙带菜煮鲜笋

60分钟　中等

特色

这是一道日本料理中颇具代表性的素菜，滋味清新而隽永。在竹笋出产的季节里，这道料理能特别凸显食材的本味。

材料

竹笋500克 | 裙带菜5克 | 日式高汤1碗 | 盐少许 | 酱油1汤匙 | 味醂1汤匙

烹饪秘籍

竹笋使用冬笋或者春笋均可。

做法

❶ 将竹笋去壳，削去表面老皮，切掉老根，再切成小块。

❷ 将竹笋放入清水中煮30分钟，至完全熟透，去除涩味，捞出待用。

❸ 裙带菜用清水浸泡，清洗干净。

❹ 在小锅中放入日式高汤，加入味醂和酱油煮开，放入竹笋煮10分钟。

❺ 放入洗好的裙带菜煮开，用盐调味即可。

清爽多汁

番茄煮西葫芦

15分钟　简单

特色

这是两种夏季常见蔬菜的组合，成熟度高的番茄与水嫩的西葫芦形成反差，使用橄榄油则能明显地提升风味。

材料

番茄2个（约300克）｜西葫芦1根｜橄榄油1汤匙｜盐少许｜黑胡椒碎少许

烹饪秘籍

如果不使用新鲜番茄，也可以用番茄罐头代替，风味更加浓郁。

做法

❶ 番茄洗净，用小刀将蒂部切掉。

❷ 将番茄放入沸水中汆烫，至皮裂开后捞出，放入凉水中撕去皮。

❸ 将番茄切成月牙状。

❹ 西葫芦洗净，一切为二，切成厚片。

❺ 锅烧热，放入橄榄油，加入切好的番茄块翻炒至出水分。

❻ 加入西葫芦翻炒，加入少许清水炖煮至软，用盐和黑胡椒碎调味即可。

新法煮毛豆

五香卤煮毛豆

30分钟　简单

特色

日式煮毛豆的方式，既能入味还能保持毛豆碧绿的色泽，是夏日里的解馋小食与下酒小菜。

材料

毛豆500克｜八角1个｜香叶1片｜花椒1茶匙｜盐2汤匙

烹饪秘籍

这种做法要通过搓揉使盐分进入豆荚中，所以不需要剪去两头，非常方便，煮出的毛豆颜色也很翠绿。

做法

❶ 毛豆用水清洗干净，控干水分。

❷ 将毛豆放入大碗中，加入盐，用力搓揉，使盐分能进入豆荚，放置15分钟。

❸ 锅中放入2大碗水，加入八角、香叶、花椒煮开，继续煮5分钟，使香味渗出。

❹ 放入毛豆煮开，接着煮5分钟。

❺ 取出毛豆，控干水分，摊在平盘上，放在冷风处使其迅速降温。

❻ 毛豆可以立即食用，也可以冷藏后食用。

Chapter 3
炖

初春时节的念想

腌笃鲜

60分钟 中等

特色

腌指咸肉、鲜指鲜肉，笃是小火慢慢炖的意思，腌鲜相配与春笋笃出浓香的春天的味道。

材料

竹笋500克 | 咸肉200克 | 猪小排200克 | 姜片3片 | 葱结1个 | 白胡椒粉少许 | 盐少许

烹饪秘籍

可以根据个人喜好加入百叶结。

做法

❶ 将竹笋去壳、去老根，切成滚刀块。

❷ 将竹笋放入沸水中煮5分钟，捞出，控干水分。

❸ 将咸肉和猪小排放入锅中，加入适量清水煮开，捞出洗干净。

❹ 在汤煲中放入咸肉、猪小排、姜片、葱结、白胡椒粉和适量水，大火煮沸，转中小火炖煮30分钟。

❺ 放入切成块的竹笋接着煮10分钟，用盐调味即可。

名“茶”非茶

肉骨茶

60分钟　中等

特色

相传，肉骨茶是华人初到南洋时，为应对当地湿热的气候条件而搭配出的药膳。以排骨和药材同煲而成，可健脾除湿。

材料

猪肋排500克 | 大蒜10瓣 | 姜片2片 | 肉骨茶料包1个 | 香菇6朵 | 枸杞子10粒 | 红枣4粒 | 酱油1汤匙 | 蚝油1汤匙 | 青菜适量 | 油条适量 | 植物油适量 | 盐适量

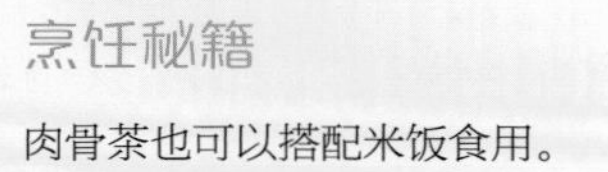

烹饪秘籍

肉骨茶也可以搭配米饭食用。

做法

❶ 将肋排斩段，放入沸水中汆烫后洗去浮沫。

❷ 在小锅中放入适量植物油，放入剥好皮的大蒜炸至金黄色，捞出控油。

❸ 将肋排、姜片、肉骨茶包放入汤煲中，加入足量的热水，大火煮沸，小火炖煮40分钟。

❹ 加入酱油、蚝油、枸杞子、红枣、香菇、大蒜瓣，接着煮20分钟，用适量盐调味即可。

❺ 在小锅中加入清水烧开，放入青菜烫熟，捞出控干水分。

❻ 将煮好的肉骨茶装入碗中，摆上青菜，搭配油条食用。

进阶糖醋小排

梅子烧排骨

30分钟　简单

特色

用话梅的酸甜来代替糖醋，口味更加柔和而富有果香，令人食指大动，胃口大开。

材料

猪肋排段500克 | 话梅15粒 | 白砂糖50克 | 生抽2汤匙 | 黄酒1汤匙 | 姜片2片 | 葱结1个 | 植物油适量

烹饪秘籍

话梅可以用青梅、酸梅代替。

做法

❶ 排骨剁成段，放入小锅中，加入清水煮开，捞出清洗干净。

❷ 话梅加入少许开水浸泡15分钟至软。

❸ 锅中加入适量植物油，放入白砂糖烧至完全化开，熬成浅焦糖色，加入少许开水，煮开。

❹ 加入排骨、姜片、葱结、黄酒、生抽、话梅（连同汤汁），大火煮开，转中火煮15分钟。

❺ 待汤汁浓稠，大火收汁，装盘即可。

酸辣入味

韩式泡菜炖脊骨

60分钟　中等

特色

这道菜使用发酵程度深的老泡菜炖煮，浓郁的酸辣味包裹着每一块脊骨，土豆酥烂，大口啃骨头非常过瘾。

材料

猪脊骨500克｜土豆2个（约200克）｜韩国泡菜200克｜白洋葱1个｜青辣椒2个｜蒜瓣5瓣｜姜片2片｜大葱段1段｜米酒2汤匙｜韩式辣椒酱1汤匙｜香油1汤匙｜酱油1汤匙｜盐适量

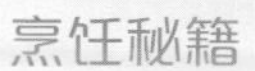

烹饪秘籍

1 猪脊骨也可以用猪肋排代替。

2 建议选择发酵时间长一些的泡菜，酸味明显，炖煮出来更美味。

做法

❶ 将猪脊骨剁成大块，放入清水中浸泡2小时使血水渗出，清洗干净（中途换几次清水）。

❷ 土豆削皮、洗净，切成块；白洋葱去皮，切成块；青辣椒洗净，斜切成圈。

❸ 将猪脊骨放入清水中煮开，取出清洗干净。

❹ 将猪脊骨、蒜瓣、姜片、大葱段、米酒放入锅中，加入没过猪骨的开水，小火熬煮30分钟。

❺ 加入土豆、泡菜、韩式辣椒酱、酱油、少许盐，接着煮20分钟，至土豆熟软。

❻ 放入洋葱块、辣椒圈、香油接着煮5分钟，加少许盐调味即可。

超过瘾的卤肉饭

卤煮五花猪肉蛋

60分钟　中等

特色

卤肉饭里的肉臊吃起来不过瘾，换成卤煮得软烂入味的大块猪五花肉，搭配浸满肉汁的鸡蛋，淋在米饭上或者拌面，每一口都超级过瘾。

材料

猪五花肉300克｜鸡蛋2个｜八角2个｜香叶2片｜丁香2个｜桂皮1小段｜生抽2汤匙｜老抽1茶匙｜冰糖1小块｜姜片2片｜葱结1个

烹饪秘籍

这种做法同样适合于鸡腿、肋排等。

做法

❶ 猪五花肉放入锅中，加冷水煮开，捞出清洗干净。

❷ 鸡蛋放入锅中，加水煮开，捞出过冷水，剥壳备用。

❸ 将八角、香叶、丁香、桂皮、老抽、生抽、冰糖、姜片、葱结放入锅中，加入清水煮开，接着煮5分钟。

❹ 放入猪五花肉，中火煮20分钟。

❺ 接着放入鸡蛋，煮10分钟，关火浸泡10分钟，将五花肉和鸡蛋捞出。

❻ 将五花肉和鸡蛋切成适口的大小，装盘即可。

清热润肺

猪骨炖西洋菜

60分钟　简单

特色

西洋菜是广东人喜欢的煲汤食材之一，与猪骨同煲汤，是秋冬季节颇受欢迎的清润汤水。

材料

猪骨300克｜西洋菜300克｜盐少许

烹饪秘籍

如果没有新鲜西洋菜，可以用干制品代替。

做法

❶ 将猪骨剁成块。

❷ 西洋菜择理掉老根，清洗干净。

❸ 猪骨放入锅中，加入清水煮开，捞出清洗干净。

❹ 将猪骨放入汤煲中，加入开水炖煮30分钟。

❺ 加入西洋菜煮5分钟，用盐调味即可。

山林香菌

牛肝菌炖猪五花肉

120分钟　中等

特色

牛肝菌是一种全世界范围内都广泛食用的野生菌，其香气浓郁，与丰腴的五花肉搭配，解腻增香。

材料

猪五花肉200克｜干牛肝菌50克｜姜片2片｜生抽1汤匙｜老抽1茶匙｜八角1个｜香叶1片｜盐适量

烹饪秘籍

1 这种做法适合于各种干菌类。

2 可以加点干辣椒或者青辣椒以增加风味。

做法

❶ 将牛肝菌清洗干净，浸泡3小时，取出牛肝菌，将浸泡的水过滤掉杂质留用。

❷ 猪五花肉切成大块。

❸ 将猪五花肉焯水备用。

❹ 在锅中放入五花肉、牛肝菌、姜片、生抽、老抽、八角、香叶和浸泡牛肝菌的汤汁，大火煮开，转小火炖煮1小时左右，至五花肉软烂，用盐调味即可。

质朴家常味

海带莲藕炖猪骨

60分钟　中等

特色

秋风乍起，寒意萧瑟，最渴望妈妈煨炖的那碗莲藕排骨汤，藕块粉糯、排骨软烂，热乎乎的汤带着说不出的鲜甜。

材料

猪骨400克｜海带30克｜莲藕1节（约200克）｜盐少许｜姜2片｜葱结1个｜白胡椒粉少许

烹饪秘籍

根据时令，用萝卜、山药代替莲藕也很美味。

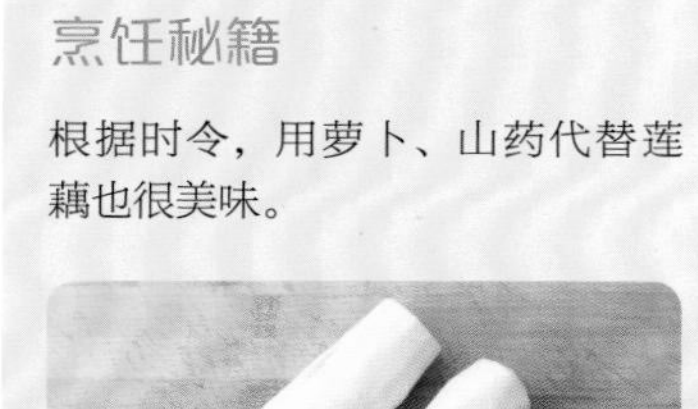

做法

❶ 海带提前泡1夜，多换几次水去除盐分，切成适口的大小。

❷ 猪骨洗净，放入锅中，加入清水煮开，捞出清洗干净。

❸ 莲藕削皮，洗净，切成块。

❹ 将猪骨、海带、姜片、葱结、少许白胡椒粉放入汤煲中，加入足量清水，大火煮开，转小火煮30分钟。

❺ 加入莲藕，接着煮20分钟，用盐调味即可。

软软糯糯的美容菜

啤酒焖炖猪手

60分钟 中等

特色

猪蹄含有满满的胶原蛋白，用啤酒烹煮可除腥解腻。这道菜口味软糯浓郁，只留啤酒的功效，不留啤酒的味道。

材料

猪手1只（约500克）｜啤酒1瓶｜姜片3片｜葱结1个｜八角1个｜香叶1个｜桂皮1小块｜生抽1汤匙｜老抽1茶匙｜白砂糖2茶匙｜白酒1汤匙｜白胡椒粉少许｜盐少许｜腐乳2块｜植物油1汤匙

烹饪秘籍

使用味道浓郁的黑啤烹饪味道尤佳。

做法

❶ 猪手剁成块，清洗干净。

❷ 将猪手、白酒和适量清水一同入锅，大火煮开，接着煮5分钟，捞出洗净。

❸ 锅烧热，放入植物油烧热，放入姜片、葱结、八角、香叶、桂皮爆出香味。

❹ 放入猪手煸炒。

❺ 加入啤酒、腐乳、生抽、老抽、白胡椒粉、白砂糖，大火煮开，转小火炖煮约1小时使之软糯，用盐调味即可。

经典川味烧菜

川味香菇烧肥肠

30分钟　简单

特色

这是一道典型的川味烧菜，肥肠柔软肥糯，丝毫不膻不臭，除了香菇，加入时令的青笋或者萝卜皆可。

材料

肥肠400克 | 鲜香菇200克 | 郫县豆瓣酱1汤匙 | 花椒粒5粒 | 八角2个 | 植物油1汤匙 | 姜片2片 | 葱结1个 | 老抽1/2汤匙 | 料酒1汤匙 | 盐少许 | 香菜段适量

烹饪秘籍

1 肥肠较难处理，要用面粉反复揉搓、最后用白醋清洗一遍，也可以买处理好的熟肥肠。

2 除了香菇之外，黄豆、莴笋都非常适合这种做法。

做法

1 将肥肠清洗干净。

2 将肥肠放入锅中，加入足量的清水，大火烧开后再煮5分钟，捞出洗净。

3 将肥肠切成小段；鲜香菇洗净，切成块。

4 锅烧热，放入植物油，加入姜片、葱结、八角、花椒粒爆出香味。

5 转小火，加入豆瓣酱炒出色。

6 加入肥肠煸炒，放入料酒、老抽和适量清水煮开，转中火炖煮半小时左右。

7 加入香菇块，接着煮5分钟使之入味，用少许盐调味。

8 装盘，撒上香菜段即可。

如脂亦如雪

牛骨雪浓汤

300分钟　中等

特色

这道汤是将牛骨和牛腱肉一起长时间熬煮而成，是传统的韩式滋补汤，最适合搭配米饭或者饺子食用。

材料

牛骨块1千克｜牛腱300克｜大葱50克｜姜片20克｜米酒1汤匙｜盐适量｜白胡椒粉少许

烹饪秘籍

1 牛腱也可以用其他较瘦的牛肉部位代替，如黄瓜条、里脊等，但牛腩等较多脂肪的部位不适合做这道汤品。

2 可以在雪浓汤中放入面条或者米饭一同食用。

做法

❶ 将牛骨块放入清水中浸泡2小时以去除血水，捞出控干水分。

❷ 牛腱放入清水中浸泡半小时，去除血水，取出控干水分。

❸ 在汤煲或电饭煲中倒入足量清水，烧开，加入牛骨块、牛腱、姜片、米酒、白胡椒粉煮开，继续煮20分钟，期间不时撇掉浮沫，取出牛腱。

❹ 转小火，继续炖煮4小时左右至汤呈现乳白色，用盐和白胡椒粉调味。

❺ 将冷却的牛腱切薄片，大葱切成薄片，一同放入汤碗中。

❻ 淋上步骤4中熬好的浓汤即可。

酸爽番茄香

番茄土豆炖牛腩

80分钟　中等

特色

牛肉与番茄一经邂逅，便乖乖臣服于它酸酸甜甜的魅力，加入绵软的土豆后，汤汁浓醇酸爽，又不油不腻。

材料

牛腩400克｜番茄2个｜土豆1个｜白洋葱1/2个｜姜片2片｜葱结1个｜料酒1汤匙｜生抽1汤匙｜香菜段适量｜盐少许｜白胡椒粉少许

烹饪秘籍

如果买不到成熟度高的番茄，可以用番茄罐头代替，味道更浓郁。

做法

❶ 将牛腩切成大块，焯水备用。

❷ 在番茄顶部打上十字，放入开水中烫一下，用冷水冲凉，撕去表皮，切成大块。

❸ 将土豆去皮，洗净，切成大块。

❹ 在锅中放入牛腩、姜片、葱结、料酒、白胡椒粉，大火烧开，转中火炖煮40分钟。

❺ 加入洋葱块、番茄块、土豆块、生抽炖煮20分钟，用盐调味。

❻ 装盘，撒上香菜段即可。

经典法式炖菜

法式红酒炖牛肉

180分钟　难度

特色

红酒炖牛肉是法国勃艮第地区的家常菜，也是西餐中十分出名的烩炖料理。牛肉酥烂而不散，肉汁浓郁，拌饭或配意大利面都很相宜。

材料

牛肉400克 | 胡萝卜1根 | 培根2片 | 红酒300毫升 | 洋葱1/2个 | 香叶1片 | 番茄酱1汤匙 | 蘑菇100克 | 黑胡椒碎少许 | 橄榄油1/2汤匙 | 黄油20克 | 大蒜1瓣 | 盐适量

烹饪秘籍

如果不使用烤箱和铸铁锅，可以直接在电饭煲中炖煮熟，但要注意水的用量。

做法

❶ 将牛肉洗净，切成大块；胡萝卜和洋葱分别洗净，去皮，切块；培根切块；蘑菇洗净，一切为二。

❷ 在铸铁锅中放入适量黄油，加入牛肉块，煎至每一面焦黄上色，取出牛肉块。

❸ 在锅中放入培根煎出油。

❹ 加入蒜瓣、洋葱和胡萝卜翻炒，重新放入牛肉块。

❺ 淋入红酒，加入番茄酱、香叶、适量开水、盐、黑胡椒碎，混合均匀。

❻ 烤箱预热160℃，将铸铁锅盖上锅盖，放入其中烤3小时左右。

❼ 平底锅中放入橄榄油，放入蘑菇翻炒至熟，用盐和黑胡椒碎调味。

❽ 取出铸铁锅中的炖牛肉装盘，配上蘑菇即可。

主妇必学料理

日式土豆炖牛肉

30分钟 中等

特色

这道最具代表性的日本家庭料理，是每一个主妇必学之菜，蔬菜丰富，牛肉鲜甜，非常适合作为便当菜。

材料

牛肉片100克 | 土豆200克 | 白洋葱1/2个 | 荷兰豆8个 | 胡萝卜1/2根 | 魔芋丝1小包 | 植物油1汤匙 | 清酒1汤匙 | 味醂1/2汤匙 | 白砂糖1茶匙 | 酱油2汤匙 | 盐少许

烹饪秘籍

建议选择肥瘦相间的肥牛片。

做法

❶ 将土豆削皮，洗净，切成大块，放入水中浸泡后捞出，控干水分。

❷ 胡萝卜和洋葱分别去皮，洗净，切成小块。

❸ 将魔芋丝焯水备用。

❹ 将荷兰豆在淡盐水中烫熟，放凉备用。

❺ 在锅中放入植物油，加入牛肉片炒散至表面发白。

❻ 加入白洋葱块、土豆块、胡萝卜块、魔芋丝翻炒，淋上清酒，加入少许开水煮沸。

❼ 加入白砂糖和味醂，煮10分钟左右。

❽ 加入酱油，接着煮5分钟至土豆绵软。

❾ 装盘，摆上煮好的荷兰豆即可。

药食同源的冬日暖身菜

山药胡萝卜炖羊排

60分钟　中等

特色

羊排是冬日最常见的抵御风寒、滋补身体的肉类，与山药、胡萝卜同炖，是一道操作简单、人人都能烹煮得美味的羊排料理，肉嫩汤清，不见膻味，只留鲜甜。

材料

羊排300克｜山药200克｜胡萝卜100克｜姜片3片｜葱结1个｜白胡椒粉少许｜盐少许

做法

❶ 羊排剁成大块。

❷ 将羊排和适量清水放入锅中，大火烧开后再煮5分钟，捞出洗净。

❸ 胡萝卜和山药分别去皮，洗净，切成滚刀块。

❹ 将羊排、姜片、葱结、白胡椒粉放入汤煲中，大火煮开，转中小火炖煮30分钟。

❺ 加入胡萝卜块和山药块，继续煮15分钟，用盐调味即可。

烹饪秘籍

可以根据自己的喜好撒上香菜或者葱花。

秋冬暖胃汤

胡椒猪肚鸡

120分钟  中等

特色

猪肚与鸡中渗透着胡椒的香气，汤清润香浓，滋润暖身。现磨的胡椒粒香气浓郁，慢慢融入汤中是好喝的秘诀。

材料

猪肚1/2只（约300克）| 童子鸡1/2只（约300克）| 白胡椒粒1汤匙 | 红枣4颗 | 枸杞子1汤匙 | 当归片2克 | 姜片3片 | 葱结1个 | 盐适量 | 白醋适量 | 面粉适量

烹饪秘籍

1 这道汤品主要靠胡椒粒提升香味，祛除膻味。用白胡椒粉效果较差，不建议替换。

2 可以加入适量黄芪、党参等药材，更加滋补。

做法

❶ 将猪肚加入大量盐、面粉和白醋，反复揉搓掉表面黏液，清洗干净。

❷ 童子鸡剁成块，焯水备用。

❸ 猪肚冷水下锅，煮开后接着煮5分钟，取出洗净。

❹ 将猪肚切成粗条。

❺ 将白胡椒粒敲碎，与当归片、姜片、葱结一同放入料包袋中，扎紧。

❻ 将猪肚、鸡块、料包袋一同放入汤煲中，加入适量开水，大火煮开，转中火炖煮1小时。

❼ 放入红枣、枸杞子接着煮10分钟，用盐调味即可。

雪白鱼汤的秘密

萝卜丝软炖鲫鱼

30分钟　中等

特色

鲫鱼煎得通透，用姜丝炒得透明的萝卜丝，一入滚水，汤白如雪。这是一道价廉物美的家常菜品。

材料

鲫鱼1条｜白萝卜300克｜姜丝3克｜白胡椒粉少许｜盐适量｜猪油1汤匙

做法

❶ 鲫鱼洗净，撒上少许盐和白胡椒粉腌10分钟，擦干水分备用。

❷ 白萝卜洗净，切成粗丝。

❸ 在汤煲中烧沸清水，加入白胡椒粉备用。平底锅烧热，放入猪油烧化，放入鲫鱼煎至两面微微焦黄，放入汤煲中。

❹ 将姜丝和白萝卜丝放入平底锅中，中火炒至颜色透明、柔软，放入汤煲中。

❺ 汤煲大火煮开，转中火炖煮20分钟，用盐调味即可。

烹饪秘籍

1 用猪油煎鱼，再煮出来的汤颜色乳白，香气浓郁，也可以用植物油代替猪油。

2 如果觉得炒白萝卜丝麻烦，也可以事先蒸熟。

洁白如玉

干贝炖萝卜

30分钟　简单

特色

干贝是极鲜之物，少量入菜就能有截然不同的味道，萝卜吸收了高汤与干贝的味道，色泽洁白如玉，滋味清淡鲜美。

材料

萝卜1根（约400克）| 干贝20克 | 鸡汤2碗 | 盐少许

烹饪秘籍

鸡汤可以用猪骨汤代替，用清水亦可。

做法

❶ 干贝洗净，用清水浸泡一夜。

❷ 萝卜去皮，洗净，切成小滚刀块。

❸ 萝卜放入小锅中，加入清水煮20分钟至完全透明，捞出。

❹ 将萝卜块重新放回小锅中，加入干贝和泡干贝的水、鸡汤一起煮开，中火炖煮20分钟，用盐调味即可。

特色

萝卜干与干豆角、寒冬与酷夏、枝头与地下，借助自然的力量晾晒成干品，共同清煮，滋味清淡而悠远。

山间清味

萝卜干清炖干豆角

30分钟　中等

材料

萝卜干50克 | 干豆角50克 | 素高汤1碗 | 盐少许

烹饪秘籍

素高汤的做法是将黄豆芽、白菜、平菇放入清水中煮1小时，过滤出汤汁即可使用。

做法

❶ 将萝卜干和干豆角分别浸泡在清水中，至完全柔软，捞出控干水分。

❷ 将萝卜干和干豆角分别切成10厘米左右的长段。

❸ 在小锅中将素高汤烧开，放入萝卜干和干豆角，炖煮20分钟。

❹ 加入盐调味，即可装盘。

咸鲜味美

雪菜炖豆腐

30分钟　简单

特色

雪菜入菜有特别的鲜味，小火慢炖，令滋味渗入豆腐中，如用冻豆腐代替老豆腐，饱吸汤汁，更有滋味。

材料

老豆腐1块（约300克）| 雪菜100克 | 海米10克 | 葱结1个 | 姜片2片 | 植物油1汤匙 | 盐适量

做法

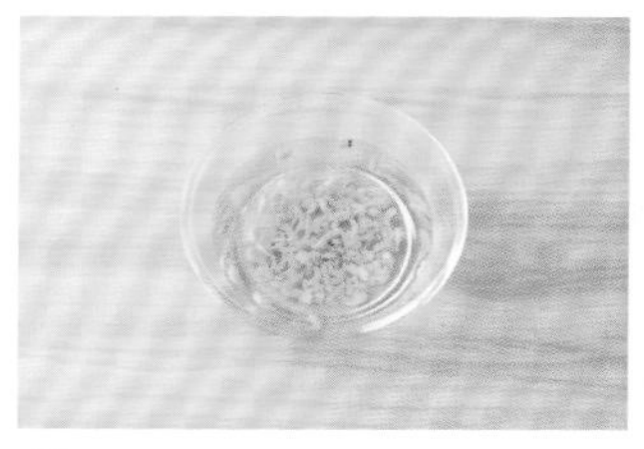

❶ 海米洗净，放入小碗中，加入清水泡3小时备用。

❷ 将雪菜洗净，切成小段备用。

❸ 豆腐切成2厘米左右的块，焯水备用。

❹ 锅中放入植物油烧热，加入葱结、姜片煎出香味，加入海米和雪菜炒出香味。

❺ 加入适量开水煮沸，放入豆腐炖煮10分钟左右，用盐调味即可。

烹饪秘籍

1 雪菜较咸，请注意事先要多次清洗以去除盐分。

2 用高汤代替清水味道更好，鱼汤尤为鲜美。

浓浓奶香

奶油炖菜

30分钟　中等

特色

这是寒冬里最为慰藉人心的食物，奶香味浓、细腻而醇厚，蔬菜与肉类藏于其间，充满着治愈的力量。

材料

鸡腿肉200克 | 白洋葱1/2个 | 西蓝花100克 | 白蘑菇6朵 | 胡萝卜1/2根 | 牛奶500毫升 | 月桂叶1片 | 黄油30克 | 盐少许 | 黑胡椒粉少许 | 低筋面粉30克

烹饪秘籍

1 加入少许肉豆蔻、丁香或者桂皮味道更好。

2 可以使用市售的奶油炖菜块代替面粉与牛奶。

做法

❶ 将鸡腿肉切成大块，撒上盐和黑胡椒粉，腌10分钟使之入味。

❷ 白洋葱去皮，切成大块；胡萝卜去皮，洗净，切成滚刀块。

❸ 白蘑菇洗净，对半切开，西蓝花切成小朵，泡洗净。

❹ 不粘锅烧热，放入黄油融化，放入月桂叶和白洋葱块炒软，至透明。

❺ 加入面粉充分混合均匀，没有结块，炒3分钟左右。

❻ 倒入牛奶，转中火，用力搅拌，使之均匀。

❼ 加入鸡肉块和胡萝卜，继续熬10分钟（如果太稠厚，可以加入适量清水或牛奶调节）。

❽ 加入白蘑菇、西蓝花继续煮5分钟，用盐和黑胡椒粉调味，煮至浓稠即可装盘。

秋日的清甜糖水

桃胶炖雪梨

120分钟　简单

特色

桃胶是桃树上分泌的树脂，煮后晶莹剔透，口感顺滑，搭配雪梨同煮，非常滋润，最适合干燥的秋冬季节享用。

材料

桃胶10克｜雪梨1只｜冰糖适量｜枸杞子10粒｜干银耳1/2朵

烹饪秘籍

加入蔓越莓干、蓝莓干味道更好。

做法

❶ 将桃胶提前一天加大量清水泡发，清洗掉杂质备用。

❷ 银耳提前泡发，撕成小块，清洗干净。

❸ 雪梨去皮、去核，切成小块。

❹ 将桃胶、银耳、冰糖、枸杞子放入炖锅中，加入足量清水，大火煮开，转小火炖煮1小时左右。

❺ 加入雪梨，接着煮15分钟，至黏稠即可。

Chapter 4

锅物

层层叠叠

白菜千层猪肉锅

20分钟　中等

特色

红遍日本的白菜千层猪肉锅，层层叠叠，规整有序。肉之香、菜之甜，相互渗透，色香味俱全。

材料

白菜1/2棵（约300克）| 猪五花肉薄片（火锅用）100克 | 日式高汤1碗 | 盐适量

烹饪秘籍

1 日式高汤可以换成鸡汤或者猪骨汤，不介意颜色的可以加适量酱油。
2 传统的吃法是蘸日式橙醋食用，没有可省略。

做法

❶ 将白菜洗净，一片片剥下来。

❷ 将白菜平放在菜板上，铺上一层猪五花肉片，再放上一层白菜，重复三四层。

❸ 横切成三四段。

❹ 将切好的猪肉白菜竖着码入砂锅中，如同树木的年轮状。

❺ 将日式高汤和适量盐混合均匀，淋入锅中，盖上锅盖。

❻ 放在火上烧开，接着煮10分钟左右即可。

无香菜不牛丸

香菜牛肉丸子锅

30分钟 中等

特色

看似略显奇怪的搭配，但只要尝试过一次就定会念念不忘，味道强烈的二者像是最亲密无间的爱人，从此无香菜不牛丸。

材料

牛肉400克 | 香菜30克 | 生菜100克 | 牛骨汤1碗 | 淀粉10克 | 盐适量 | 白胡椒粉少许 | 植物油1茶匙

烹饪秘籍

1 如果喜欢香菜的味道，可以用香菜代替生菜，味道更加浓郁。

2 香菜牛肉丸一次可以多做一些，冷藏可保存3天，冷冻可保存1个月。

3 不使用牛骨汤可以用清水代替，或者制作成麻辣的火锅版本也很美味。

4 可以将牛肉与猪肉按照一比一的比例混合，口感更丰润。

做法

❶ 牛肉洗净，放入搅拌机搅碎。

❷ 加入8克盐、少许白胡椒粉、100克冰水、10克淀粉、1茶匙植物油继续搅成肉泥状，取出放入盆中。

❸ 香菜切碎，加入盆中，用力顺着一个方向搅打上劲。

❹ 锅中烧开一锅水，调小火至微微沸腾状态，将丸子一个个挤入其中，煮至丸子漂在水面上即可。

❺ 在砂锅中放入牛骨汤和适量盐煮开，加入香菜牛肉丸煮5分钟，放入生菜煮开即可。

经典日式火锅

寿喜烧

30分钟 简单

特色

日料店里咸甜味浓的寿喜烧，多种食材风味交融，在家做起来也很简单，最适合邀上三五好友一起分享。

材料

牛肉片200克 | 香菇4个 | 魔芋丝100克 | 茼蒿50克 | 大葱白1根 | 日式高汤100毫升 | 味醂3汤匙 | 酱油3汤匙 | 白砂糖2汤匙 | 黄油20克

烹饪秘籍

1 传统的吃法是蘸食生鸡蛋液，但务必选择可生食的鸡蛋。

2 建议选择有些脂肪的肉片，太瘦的肉片久煮容易发柴，请减少烹煮时间。

做法

❶ 香菇去根，洗净，顶部打上十字花刀；大葱白洗净，斜切成段。

❷ 魔芋丝焯水备用。

❸ 在砂锅中放入黄油烧化，加入牛肉片炒散。

❹ 码入香菇、魔芋丝、葱白段、茼蒿。

❺ 将味醂、日式高汤、酱油、白砂糖混合均匀，淋入锅中。

❻ 将砂锅放在火上烧开，接着煮3分钟即可。

解腻又解馋

茄汁肥牛锅

30分钟　简单

特色

茄汁的酸甜能解肥牛的油腻，搭配魔芋结与菠菜，解馋又健康，若淋上一勺辣油又是一道别样的美味。

材料

肥牛片200克｜番茄3个｜番茄酱50克｜魔芋结100克｜菠菜50克｜玉米1小根｜蘑菇两三朵｜植物油2茶匙｜盐少许｜黑胡椒碎少许

烹饪秘籍

可以在锅中加入自己喜欢的其他蔬菜。

做法

❶ 番茄洗净，在顶部用刀打个十字，在开水中烫一下至皮裂开，捞出用冷水冲凉，去皮。

❷ 将番茄切成大块。

❸ 魔芋结焯水备用；菠菜洗净、切段；玉米切段；蘑菇切半。

❹ 锅烧热，加入植物油，放入番茄炒出汁，至微微软烂，加入番茄酱、适量清水、黑胡椒碎、盐炒匀，放入砂锅底部。

❺ 在锅中铺上肥牛、魔芋结、玉米段、蘑菇和菠菜。

❻ 盖上锅盖，放在火上烧开，接着煮8分钟至肥牛熟透即可。

广式暖身锅

腐竹羊肉锅

60分钟　中等

特色

羊肉是经典的驱寒食物，腐竹饱吸羊肉的香气与胡萝卜的鲜甜，比肉更惊艳。加入荸荠或甘蔗，既能去火、更能去膻。

材料

羊腿肉300克｜胡萝卜1/2根｜腐竹50克｜柱候酱1汤匙｜南乳2块｜老抽1茶匙｜姜片2片｜白胡椒粉少许｜植物油1汤匙｜料酒2汤匙｜盐适量

烹饪秘籍

1 羊肉比较燥热，可以加入荸荠或者甘蔗，去膻味，降火。

2 用羊排来做同样美味。

做法

❶ 胡萝卜去皮，洗净，切成滚刀块；腐竹提前泡软，切成长段。

❷ 羊腿肉切块，用料酒和盐、胡椒粉腌10分钟。

❸ 锅中放油烧热，放入羊腿肉煎至焦黄上色。

❹ 加入姜片、南乳、柱候酱、老抽翻炒，加入适量开水煮开，盖上锅盖炖煮半小时左右。

❺ 加入胡萝卜焖煮，至柔软。

❻ 加入腐竹段炖煮片刻，大火收汁至浓稠即可。

浓汤饺子锅

海带丝老鸭水饺锅

120分钟　中等

特色

用海带丝慢慢炖煮出浓浓的老鸭汤，只是为了煮饺子而来。每一滴都不想浪费的饺子汤，煮出芹菜馅儿的饺子，滋味更美妙。

材料

老鸭1/2只｜海带丝200克｜速冻水饺10只｜姜片2片｜葱结1个｜白酒1茶匙｜盐少许｜植物油适量

烹饪秘籍

建议选择芹菜肉馅的饺子，味道更好。

做法

❶ 鸭子洗净，剁成块。

❷ 海带丝浸泡掉多余盐分，切段备用。

❸ 锅中放油烧热，加入鸭块煸炒，淋入白酒，炒至鸭肉表面变白捞出。

❹ 将鸭块、姜片、葱结、海带丝放入砂锅中，加适量水，大火煮开，转中火炖煮40分钟左右至鸭子完全软烂。

❺ 加入水饺煮熟，用盐调味即可。

辣炒年糕的豪华版本

韩式鸡腿年糕锅

30分钟 中等

特色

辣炒年糕是韩国最寻常的街头小吃，加入嫩滑的鸡腿肉与酸辣的辣白菜，味道醇厚，令你欲罢不能。

材料

鸡腿肉100克｜辣白菜100克｜年糕200克｜洋葱1/4个｜韭菜30克｜韩式辣椒酱1汤匙｜酱油1汤匙｜清酒1汤匙｜蒜蓉1/2汤匙｜姜蓉2克｜白砂糖2茶匙｜香油2茶匙｜植物油1汤匙

烹饪秘籍

1 将鸡腿肉换成猪五花肉薄片或者牛肉片同样好吃。

2 建议选择老一些的辣白菜，酸味重，比较解腻。

做法

1 将鸡腿肉切成适口的大小，辣白菜切成块。

2 洋葱去皮、切成粗丝；韭菜择洗净，切成段。

3 将韩式辣椒酱、酱油、清酒、蒜蓉、姜蓉、白砂糖、香油混合均匀成酱汁。

4 在砂锅中放植物油，加入鸡腿肉煎上色。

5 加入辣白菜和洋葱略微翻炒。

6 摆上韭菜和年糕，淋上酱汁和少许清水，盖上锅盖。

7 放火上烧开，煮8分钟左右至鸡腿熟透即可。

暖身暖心

咖喱鸡肉锅

40分钟　中等

特色

热乎乎还略带迷人香料风味的咖喱，吃完从头暖到脚，这是一道简单却丰盛的大菜，最后在锅中下一包乌冬面，就是乌冬面店里诱人的咖喱乌冬面啦。

材料

鸡腿肉300克｜胡萝卜1根｜洋葱1/2个｜土豆1个｜咖喱块4块｜乌冬面1包｜植物油1汤匙｜黑胡椒碎少许｜盐少许

烹饪秘籍

增加淡奶油、牛奶、椰浆等食材，可使风味更加浓郁。

做法

❶ 将鸡腿肉切成大块，用盐和黑胡椒碎腌10分钟。

❷ 胡萝卜、土豆、洋葱分别去皮、洗净，切成滚刀块。

❸ 将胡萝卜和土豆放入蒸锅中蒸10分钟至熟。

❹ 咖喱块放入小碗中，倒入开水使之溶化。

❺ 锅烧热，放入植物油，加入鸡腿肉煎至表面发白。

❻ 摆入洋葱、土豆、胡萝卜、乌冬面，淋入咖喱汁。

❼ 盖上锅盖，放火上煮开，接着煮5分钟即可。

无油更清爽

关东煮

60分钟　简单

特色

关东煮是日本街头常见的小吃，也是家庭中最常见的火锅。不使用油脂，以味美的日式高汤吊出食物的味道，柔和而自然。

材料

白萝卜300克 | 魔芋100克 | 鱼豆腐100克 | 鱼饼100克 | 鸡蛋2个 | 日式高汤400毫升 | 酱油2汤匙 | 味醂2汤匙

烹饪秘籍

1 关东煮的食材非常丰富，福袋、竹笋、海带、年糕、章鱼脚都非常适合。

2 可以直接用市售的关东煮调料烹煮，更加方便。

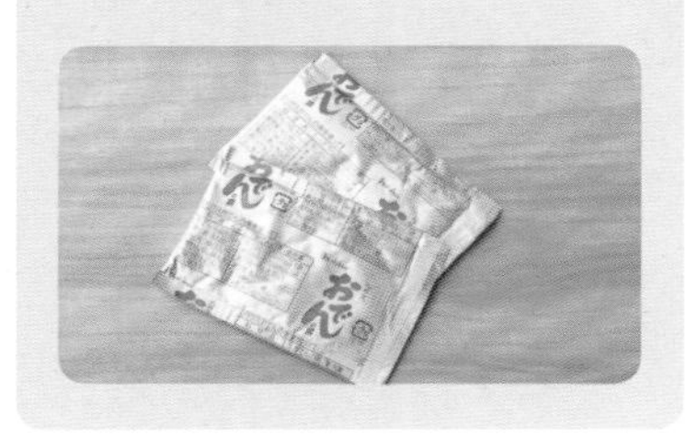

做法

❶ 将魔芋切成适口的大小，焯水备用。

❷ 白萝卜洗净去皮，切成约2厘米厚的片。

❸ 将萝卜放入小锅中，加清水煮20分钟，至透明捞出。

❹ 鸡蛋入锅煮5分钟，捞出过冷水，去壳。

❺ 将日式高汤、酱油、味醂放入砂锅中煮开，码上白萝卜、魔芋、鱼豆腐、鱼饼、鸡蛋，盖上盖子。

❻ 将砂锅放在火上煮开，接着煮10分钟使之入味即可。

醇厚浓香

奶酪海鲜意面锅

30分钟　中等

特色

在酸甜的茄汁汤底中大量使用奶酪片，醇厚浓香，最适合烹煮清淡的海鲜与蔬菜，放入清香的罗勒叶能显著提升风味，建议最后放入保留香味。

材料

意面120克｜海虾6个｜青口4个｜鲷鱼肉100克｜番茄罐头1/2罐（约200克）｜西蓝花100克｜浓汤宝1个｜奶酪片4片｜罗勒叶10片｜黑胡椒碎少许

烹饪秘籍

1 如果酸味较重，可以加入适量白砂糖调整酸甜味。

2 海鲜可换成自己喜欢的品种。

3 如果不使用番茄罐头，可以用新鲜番茄代替。

做法

1 海虾挑去虾线，剪去须备用。

2 鲷鱼肉切成适口的块。

3 西蓝花切成方便食用的小朵，洗净。

4 意面在沸水中煮至七成熟，捞出过冷水，控干水分备用。

5 将番茄罐头、浓汤宝和少许清水放入砂锅中煮沸，至浓汤宝溶化。

6 摆入海虾、青口、鲷鱼肉、西蓝花、意面煮开，接着煮5分钟左右至海鲜完全熟透。

7 放入奶酪片化开。

8 撒上罗勒叶和少许黑胡椒碎即可。

四川人家的家常火锅

川味酸辣豆花鱼片锅

30分钟　中等

特色

鲜嫩的鱼片、柔滑的豆花、酸辣的汤汁，每一口都让人欲罢不能，如同置身于巴山蜀水间。

材料

草鱼肉300克｜内酯豆腐1盒｜酸青菜100克｜泡姜片20克｜芹菜段30克｜葱段10克｜火锅底料100克｜水淀粉少许｜白胡椒粉少许｜料酒1汤匙｜干辣椒2个｜干花椒5粒｜植物油1汤匙｜盐少许

烹饪秘籍

1 如果做成火锅形式，可以将鱼片上桌后再氽烫。

2 可以将鱼骨煮汤用来代替清水，更加鲜美。

3 可以用香菜代替芹菜。

做法

❶ 将草鱼肉切成薄片。

❷ 鱼片放入碗中，加入少许盐、白胡椒粉、水淀粉、料酒混合均匀，腌10分钟。

❸ 酸青菜切成段。

❹ 锅中放油，加入火锅底料、干花椒、干辣椒爆出香味。

❺ 加入泡姜片、酸青菜炒出酸味，加入适量开水煮5分钟。

❻ 豆腐划成大块。放入锅中。

❼ 放入鱼片煮至断生。

❽ 撒上芹菜段和葱段即可。

调味一种足矣

味噌牡蛎萝卜锅

30分钟 简单

特色

味噌咸鲜味美，是对身体大有裨益的发酵食物，只一味就能有足够丰富的味道。萝卜与牡蛎是经典搭配，最适合冬日围坐在一起享用。

材料

白萝卜300克 | 牡蛎肉100克 | 韭菜30克 | 白玉菇50克 | 味噌2汤匙

烹饪秘籍

1 可以加入豆腐、粉丝、魔芋丝同煮，咸鲜味浓。

2 剩下的汤汁可以拌米饭或者乌冬面吃。

做法

❶ 萝卜洗净去皮，切成约2厘米厚的片。韭菜择洗净；白玉菇洗净。

❷ 将萝卜放入小锅中，加清水煮20分钟，至透明捞出。

❸ 牡蛎洗净泥沙，控水备用。

❹ 在砂锅中放入白萝卜、牡蛎肉、白玉菇、韭菜，淋入1碗清水。

❺ 将砂锅放在火上烧开，煮5分钟左右。

❻ 放入味噌打散调味，煮开即可。

酸酸辣辣的泰国风味

冬阴功蔬菜锅

30分钟　中等

特色

“冬阴功”是极具代表性的泰国料理，酸酸辣辣、非常开胃。在传统的版本上大量使用蔬菜，还可以涮肉类、海鲜，做成冬阴功火锅。

材料

海虾8只 | 蛤蜊200克 | 草菇200克 | 圣女果100克 | 玉米1根 | 西蓝花1棵 | 冬阴功汤料2汤匙 | 青柠檬1个 | 香菜段5克 | 椰浆50毫升 | 盐少许

烹饪秘籍

1 食材可以替换为自己喜欢的品类。
2 可以作为锅底，涮肉类、海鲜、蔬菜等。

做法

❶ 海虾挑去虾线，剪去须备用。

❷ 蛤蜊提前用盐水浸泡，吐去泥沙。

❸ 西蓝花切成方便食用的小朵，洗净；玉米洗净，切小段；圣女果洗净，一切为二。

❹ 将冬阴功汤料、椰浆、适量清水和少许盐放入砂锅中煮开。

❺ 放入海虾、蛤蜊、草菇、圣女果、玉米、西蓝花，大火煮开，继续煮5分钟至食材熟透。

❻ 撒上香菜段，挤入青柠汁即可。

暖暖豆香

豆浆豆腐锅

30分钟　简单

特色

用豆浆作为汤底，浓郁却热量极低，奶酪片是浓滑的秘密武器，还是多多益善的那种。

材料

嫩豆腐1块（约300克）｜娃娃菜1棵｜鱼丸100克｜蟹味菇50克｜西蓝花50克｜无糖豆浆400毫升｜奶酪片2片｜浓汤宝1个｜盐适量｜黑胡椒碎适量

做法

❶ 将西蓝花切成小朵，洗净；娃娃菜洗净，切成段。

❷ 在砂锅中放入豆浆、浓汤宝、奶酪片、适量盐和黑胡椒碎煮开。

❸ 嫩豆腐轻轻地划成大块，放入砂锅中。

❹ 再放入西蓝花、娃娃菜、蟹味菇、鱼丸煮开，接着煮5分钟即可。

烹饪秘籍

建议选择浓度较高的豆浆，豆香味更加浓郁。

蘑菇丝瓜油豆腐锅

30分钟 简单

特色

蘑菇与油豆腐是熬煮一锅素浓汤的关键食材，煮出的汤颜色乳白、味道鲜美，不逊于骨汤，加上丝瓜的清甜，虽是素食却不寡淡。

材料

蘑菇100克 | 丝瓜200克 | 油豆腐10个 | 枸杞子1茶匙 | 鸡汤300毫升 | 盐少许

烹饪秘籍

1 可以用油面筋代替油豆腐。

2 可以用素高汤代替鸡汤，做成全素版本。

做法

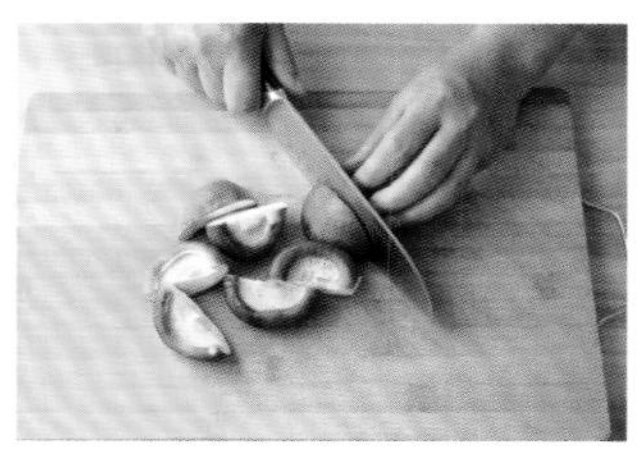

❶ 将蘑菇洗净，一切为二。

❷ 丝瓜削皮、洗净，切成滚刀块。

❸ 鸡汤倒入砂锅中，加入少许盐，放入蘑菇、丝瓜、油豆腐，撒入枸杞子。

❹ 将砂锅放在火上烧开，接着煮5分钟即可。

萨巴厨房® 系列图书

吃出健康 系列

懒人下厨房系列

家常美食系列

图书在版编目（CIP）数据

萨巴厨房. 蒸炖煮一本全 / 萨巴蒂娜主编 . — 北京：中国轻工业出版社，2024.6

ISBN 978-7-5184-2384-2

Ⅰ . ①萨… Ⅱ . ①萨… Ⅲ . ①菜谱 Ⅳ . ① TS972.12

中国版本图书馆 CIP 数据核字（2019）第 031822 号

责任编辑：张　弘　高惠京　　责任终审：劳国强　　整体设计：锋尚设计

策划编辑：张　弘　洪　云　高惠京　　责任校对：李　靖　　责任监印：张京华

出版发行：中国轻工业出版社（北京鲁谷东街5号，邮编：100040）

印　　刷：北京博海升彩色印刷有限公司

经　　销：各地新华书店

版　　次：2024年6月第1版第4次印刷

开　　本：720 × 1000　1/16　印张：12

字　　数：200千字

书　　号：ISBN 978-7-5184-2384-2　定价：49.80元

邮购电话：010-85119873

发行电话：010-85119832　010-85119912

网　　址：http://www.chlip.com.cn

Email：club@chlip.com.cn

240956S1C104ZBW